U0220667

去野

浮生
茶事

稻田读书 主编

浙江工商大学出版社—杭州

图书在版编目(CIP)数据

浮生茶事 / 稻田读书主编 . — 杭州 : 浙江工商大学出版社 , 2023.5

ISBN 978-7-5178-5431-9

Ⅰ.①浮… Ⅱ.①稻… Ⅲ.①茶文化—中国 Ⅳ.① TS971.21

中国国家版本馆 CIP 数据核字 (2023) 第 059197 号

浮生茶事
FUSHENG CHASHI

稻田读书 主编

出 品 人	郑英龙
策划编辑	沈 娴
责任编辑	刘 颖
封面设计	观止堂_未氓
责任校对	夏湘娣
责任印制	包建辉

出版发行 浙江工商大学出版社
(杭州市教工路 198 号 邮政编码 310012)
(E-mail:zjgsupress@163.com)
(网址:http://www.zjgsupress.com)
电话:0571-88904980,88831806(传真)

排 版	杭州朝曦图文设计有限公司
印 刷	杭州宏雅印刷有限公司
开 本	787mm×1092mm 1/32
印 张	8.125
字 数	127 千
版 印 次	2023 年 5 月第 1 版 2023 年 5 月第 1 次印刷
书 号	ISBN 978-7-5178-5431-9
定 价	68.00 元

本书编委会

稻田读书

莫　靓　　梁海刚

李　巍　　林嘉栋

夏伟清　叶经伟　陈金波　徐伟锋

周　颖　　毛慰香　　刘勤芳

序

茶圣陆羽创作《茶经》，把饮茶这件事提升到了"品茗"的境界。

超越茶从前的食用与药用价值，他提倡用欣赏与品味的态度来饮茶，并把它当作一种精神上的享受，以及一种鉴赏的艺术。从此，由茶之意境延展开来的审美情趣，像一条绵延不绝的大河，一直在历代风雅人士心中流淌，与诗书、绘画、焚香、抚琴、插花等等，交织成一种精微灿烂、儒雅闲适的生活美学。

在开篇的"一之源"中，陆羽开宗明义地指出："茶之为用，味至寒。为饮，最宜精行俭德之人。"就是说，茶性寒凉，作为饮品最适合为人真诚、节操高尚而有俭朴美德的人。由"寒"至"冷"，可以延伸出"冷静"二字。因此，"茶"之本性，能令人保持清醒，从而做出相对理性的判断。

何谓茶的好与坏？陆羽也列出了评判标准，提出了"阳崖阴林""阴山坡谷者不堪采掇，性凝滞，结瘕疾"

之说。可见，对"茶饮"给予人的能量，古人已是了如指掌、观察入微。一叶茶，既是天地的恩情，也是高山的精魂。从中，你可以感受阳光、土壤以及水所给予的自然风味，也可以感知叶芽蕴藏着的天空、大地、雨露和灵魂的气息。

万物有灵，茶与人皆是如此。数千年来，茶在中国的发展与历史的沧桑变迁高度契合。无论繁华还是寂寥，无论庙堂之高还是江湖之远，无论是殿堂内的祭祀茶还是寻常百姓家的粗茶，总会令人想起自己的根，想起家，这正是茶给予我们的无可替代的"饮"之魂灵。

当然，茶唯有通过慢慢饮、认真品，方能体会其能量与乐趣。一群爱茶之人，之所以选择松阳作为目的地，不仅仅因为其山水风景，更因为这里的茶——作为"浙江生态绿茶第一县"，松阳茶业在三国时已成规模，唐代松阳茶成为贡品，明清时松阳茶名声愈盛，至近代，松阳茶人结合传统锐意创新，推出"松阳银猴""松阳香茶"等知名茶品，在国内名优茶与大宗茶市场都占有一席之地。

从前的松阳，由于崇山峻岭的阻挡，交通相对闭塞，被称为"最后的江南秘境"。如今的松阳，交通便捷，再加上互联网的全面覆盖——它早已不是鲜为人知、难以抵达的"秘境"了。

但"最后的秘境"之称，却依然适用。无他，从前"秘境"之"秘"，指的是山水阻隔，而如今，由一杯茶所联结起的是这里躬耕自足、怡然自得的生活状态。松阳人管喝茶叫"咥茶"，隐隐包含着欢喜之意。在这种状态下的农耕文明风貌，寄托了无限的乡愁，更是许多人内心"向往的生活"——而当它深藏至意识深处，便成就了心底的另一个"秘境"。

问茶松阳，等你也来。

编　者

目 录

卷一　山水记

松阳陌上无尽茶

周华诚

【壹】

> 松翠掩山寺，溪深山路幽。
> 烹茗绿烟袅，不得更迟留。
>
> ——〔唐〕戴叔伦

　　山路曲折幽深。不知道是不是线路冷僻的缘由，一路上根本碰不到人，也没有别的车子交会。山回路转，时见白云停驻在群山之巅，忍不住驻车拍照。清风拂来，觉天地山野，余独往矣。

　　上垄，是山巅的一个小村庄。这个垄字不认得。像是岔，又不是岔。心中琢磨半天，遂去查手机上的字典。原来读如"笨"，意思有：

①翻土，刨地，如垄地；

②尘埃，如微垄；

③聚集，如垄集；

④粗劣；

⑤用细末撒在物体上面；

⑥笨。

又沉吟半天，觉得这个垄字真好。大巧如拙，大智若愚。垄字说的不就是我们这些凡俗中人吗？如尘如埃，如烟如雾，偶然相遇在这粗粝的人间。然而即便如此，亦要日日耕作，刨地搬砖，不过以笨人笨办法度过光阴，抵多少年的尘梦。

在松阳，上垄这样的古村落有很多，几十个或上百个，有的村落风情更加古朴，风貌更加完整，受到外界的关注也更多。而相比之下，上垄颇有些默默无闻，人烟稀少。或许也正因此，这个村庄才更好地保存了原生态的样子。

这是一个怎样的地方呢？上垄，属松阳的斋坛乡。尚未入村，先见茶园。茶园一行行一垄垄，构成柔软的线条环绕着村庄。民居有黄泥夯土墙与层层叠叠的黑色鱼鳞瓦。黄与

黑，构成大地的颜色。

高山下来的水，从屋角流淌而过，水流的两边，长满石菖蒲与厚厚青苔。这让我想起前段时间去过的一座寺院，寺院蜚声海内外，又经数年扩建，规模宏大。而我去了一看，则颇为失落，寺院新则新矣，偌大的场地里见不到一处青苔，到处只有簇新的光鲜与亮丽。这叫什么寺院呢？盖房子是很快的，苔痕上阶绿是缓慢的；人声鼎沸是容易的，世外静气则困难得多。很多东西，须得一点一滴，几百年几千年，才能涵养出来。

这样一想，眼前的上坌，自有一种世外的悠然静气。倘世人要找一个清静的地方去隐居，或是修行，上坌这样的地方自是相宜的。反过来一想，在上坌这样的村庄里，是否也隐藏了几位世外的高人？只是，一般人无法懂得他们罢了。

上坌的村民中，潘姓占全村总人口的百分之八十五，其他还有叶、王、金、何、吴等姓。山林面积三千多亩。村民多种吊瓜、茶叶，也种单季的水稻，以自食为主。狭窄的村道，仅容一人行走，路遇一老农，用电瓶车驮了一袋笋，远远地就立在一边，等我们先过。问他这些笋从何来，答是山上新采。此时已是六月末，这恐是今夏最后的笋了。问卖否，答不卖，自家要吃的。

老农已七十岁了，身形癯瘦而目光炯炯，长年劳动的人，身体里仿佛藏着使不尽的力气。老农说现在上垄村中只有二三十人居住，大多数人已搬走了。留在村中的人，都是因为喜欢这样的山里生活，不愿住进城里去。

山涧水潺潺而下，村人用竹笕引水。一根竹笕接另一根竹笕，另一根竹笕又接另一根竹笕，这样把水传递过来。我已经很多年没见过竹笕了，没想到在上垄还能见到。同时见到的还有一座水碓。水碓静止，水流不止，远处山林里的鸟鸣也不止。

上垄依然寂静。一直走到村庄外，远远地看到两三个人在茶园里采茶。这个时节还有人采茶。采茶人静静地，在云朵一样的茶园里缓慢移动。天上的云朵静静地，像村庄里的人在缓慢移动。

"烹茗绿烟袅，不得更迟留。"这是唐代诗人戴叔伦在松阳留下的千古咏叹。我想戴叔伦可能来过上垄。这个诗人论诗，"诗家之景，如蓝田日暖，良玉生烟，可望而不可置于眉睫之前也"。他的意思是，诗中有景，宜远远观之，呈现一种朦胧之境。我想这也可能是水墨之境，或人生之境吧。他作诗当官都不错，从九品官做起，一直做到四品，做过东阳令，也当过抚州刺史，足迹遍及婺赣各地。

戴叔伦有一首茶诗《题横山寺》，宜抄录于此："偶入横山寺，湖山景最幽。露涵松翠湿，风涌浪花浮。老衲供茶碗，斜阳送客舟。自缘归思促，不得更迟留。"我最喜欢他的这一句，"老衲供茶碗，斜阳送客舟"。

到了晚年，戴叔伦自请出家为道士，做了一只闲云野鹤。远访山中客，分泉谩煮茶。这样的人，见过了半生的风景，走到哪里都可以坐下来，汲泉煎茶，慢慢地喝上一碗。

【贰】

寒流穿曲岸，支径入翠微。

山深古木合，林静珍禽飞。

——〔宋〕沈晦

吴姐身手利索，三下两下就攀爬到山上去。这山林荒草丛生，灌木长得比人还高。一转眼，吴姐就隐入山中。

山是野山，路已湮灭，似乎久无人迹。好不容易手脚并用地跟上吴姐步伐，衣衫尽湿。

吴姐站在一株老茶树前，手抚枝叶，如晤老友。她手一指：这一座山，那一片坡，都生长着无数老茶树。这些老茶树已生长数十春秋，只是近十年失于管理，自生自灭。吴姐看着可惜，想着要把这些老树修整盘活，一株一株照料过来。如今，她手上有了十万株老茶树。

下山路上，吴姐在前头开车，进弯，出弯，行云流水。

看出来了，这是一个常在深山老林出没的人。

吴姐的家在城郊，有座院子，春天里各样花开，她在院子里炒茶。她炒茶是跟师父学的，一锅炒出来，味道好不好，尝了就知道。她炒坏了很多茶。她跟我们讲述这段经历的时候，轻描淡写。但是这里头的艰辛曲折，我们都听出来了。

有一回，吴姐拎了一包新茶去拜访师父，师父在楼上闻到茶香，探头道，这锅茶炒得不对呀。

她一惊，心想没错呀，一步一步都按着程序来的呢。

师父说，你炒茶时心不够静。

她羞愧不已。那时有人催着要茶，她自忖技艺过关，炒得有点急，现在想来，的确是有不到位的地方。

此后再制茶，一个环节一个环节，她要先把气息调整好了，呼吸悠缓，心思宁静，方敢动手。

吴姐家的后院，有一只小鸟，飞去飞来，不惧生人。春天某日风雨大作，学飞的小鸟从巢中跌落在院子里，吴姐救护起来，饲以米浆饭粒。小鸟就此认了亲，羽翼渐丰之后，飞去又飞来，却不欲离开。

我们喝着吴姐亲手制的茶，只觉茶汤回甘绵绵，滋味悠长。

松阳这个地方，拥有一千八百多年建县史，而松阳的"茶龄"和"县龄"相差无几。史料记载，松阳种植茶树、出产茶叶，始于三国时期。到了唐代，道教天师叶法善所制松阳茶叶，"竹叶形，深绿色，茶水色清，味醇"，被称为"卯山仙茶"，进贡皇家殿堂。

松阳自古茶人辈出，1929年首届西湖博览会上，松阳茶叶获得金奖。如今，松阳拥有两大区域公用品牌：松阳银猴、松阳香茶。

松阳香茶，这个名号在松阳各处可见。松阳银猴，偶尔也能见到。听本地朋友说，松阳银猴取自自主选育的茶树品种，其叶上满披银毫，银绿隐翠，看上去就像是一只银猴。银猴曾两次荣膺"浙江省十大名茶"。

再往回说到宋代——松阳有座西屏山，民国《松阳县志》载，此山"壁立如屏，山顶平旷，嶒岩壁立，林木苍郁"。后清代诗人周圣教来此，曾留下一首《西屏山怀古》："有泉一泓名偃月，披云挹注长不竭。汲水煮茶气味清，一饮人疑有仙骨。"以西屏山永不枯竭的偃月泉煮茶，饮之令人有超凡脱俗之感。

宋时松阳是一个"山深古木合，林静珍禽飞"的秘境，北宋宣和六年（1124）甲辰科状元沈晦，最后把家安在松阳。他喜欢松阳的山水。他发出"唯此桃花源，四塞无他虞"的感叹，此诗也流传至今，成为松阳精准的广告词。

当然，宋人饮茶，跟唐人不同，跟今人也不同。唐人戴叔伦饮茶，是连茶带汁煎好，一起吃下去。宋人苏东坡写过一首《送南屏谦师》："道人晓出南屏山，来试点茶三昧手。忽惊午盏兔毛斑，打作春瓮鹅儿酒。天台乳花世不见，玉川风腋今安有。先生有意续茶经，会使老谦名不朽。"写到杭州净慈寺祖谦禅师他们饮茶，是把茶碾磨成粉，加汤调和，在兔毫盏里击拂出花样来，先欣赏茶汤面上的乳花，比赛谁的花样能久久不散，再连茶带汁一起饮下去。

松阳四面青山苍翠，层峦叠嶂之间有二十余条小溪汇入松阳的母亲河松阴溪。这样的山，这样的水，孕育出松阳的茶。我随着吴姐一起在荒野爬山访茶之时，常在脑海中冒出沈晦的诗句"唯此桃花源"，觉得松阳的老茶树，也是桃花源里的稀物。我走在松阳的山水之间，也常想象宋时以松阴溪水击拂出的茶汤乳花是何种模样。

有一个数据，说是在松阳这个县，百分之四十的人口从事茶产业，百分之五十的农民收入来自茶产业，百分之六十的农业总产值来源于茶产业。这就足以说明，一片小小的茶叶，是怎么样牵动着松阳人的生活。

【叁】

石室夜明烧药火，云轩晓暖煮茶烟。

背岩最怪苍松老，百折霜根不记年。

——〔元〕刘回翁

那日走得脚乏，遂与朋友一起步入一家叫作"山中杂记"的小店。

这是一家兼卖书的茶室，或曰兼卖茶的书店。

这不重要，重要的是，我居然在这家店中的书架上，见到好几位朋友的书。

　　据说此店的主人是夏雨清，算是杭城媒体圈的老朋友了——遗憾的是这天他并不在松阳。我知道他先是在德清开民宿，后来到松阳开民宿，再后来又到很多别的地方开民宿，黄河边，草原上，民宿开得风生水起，朋友圈里也常见他四处游走。以至于我们约了见个面聊聊，半年过去，仍未见上。

　　这是在松阳县城的老街。每到松阳，我必到老街走一走。老街生活气息浓郁，许多老居民仍在老房子里住着，打铁的，卖药的，抢刀的，炸油条与灯盏馃的，生活仍在这条老街上热火朝天地进行。

　　走在这样的街上，就仿佛一脚踏进旧时光里，一幕幕都生动不已。这是松阳老街比其他许多老街有意思的原因。

　　老街上开着的茶店也不少，松阳端午茶亦是随处可见。

　　而这间叫作"山中杂记"的店，或称杂货铺，是安静的一隅。那天我们在老街，遇到了一阵雨，干脆就走进去喝茶翻书。老屋里有一座天井，雨就从天井飘落，洒在菖蒲、兰花、青苔上。货架上有茶，也有书。而茶的书，自然也是店里特别留心的部分，摆在显眼位置，有《茶在中国》《茶道六百年》《茶战》《喝茶慢》《茶叶帝国》《喝茶解禅》等。我点了一杯松阳绿茶，喝了三泡。

　　店中还售卖番薯寮村民制作的红糖。番薯寮村民擅长做红糖。在每年的立冬之后，作为远近闻名的产糖区，番薯寮人就把甘蔗之中隐藏的糖分提取出来——这是一种极具仪式感的工作，类似于蜜蜂对甜的酿造——直到甘蔗的汁水变成糖粉，那种焦糖的香味儿飘在整座村庄上空。这工作成为村民最快乐的事，也成为游客对于端午茶之外，另一种"松阳味道"的想象来源。

　　雨仍在下。

　　距"山中杂记"数步之遥，就有草药铺。松阳人热爱中草药，热爱一切植物体内所蕴藏的药物属性。他们把山野之中的苍术、藿香、樟树皮、竹枝、竹叶、野菊、白芷、桑叶、菖蒲、山苍柴、鱼腥草、白茅根及其他各种树皮草根采来，晾干，用柴刀剁成小段，入锅里略微炒制，再晒干，混合，配成各种各样的凉茶，用开水泡来喝。在松阳人的眼中，这种叫作"端午茶"的凉茶有着神奇的作用。山野之中的草木，与当地人的血脉精神达成天衣无缝的和谐。

　　同样，茶叶这一种单一植物的叶子，也成为人们生活中不可分割的一部分。茶犹药也。从唐代以来，茶就具备了无可替代的价值，"一饮涤昏寐，情思爽朗满天地；再饮清我神，忽如飞雨洒轻尘；三饮便得道，何须苦心破烦恼"。大师皎然在《饮茶歌诮崔石使君》中明确指出了茶的三层功用，而大医药学家陈藏器在《本草拾遗》中称："诸药为各病之药，茶为万病之药。"山中清修的人，知道茶的特殊功用，将其作为修行的必备良饮。

道士叶法善，在松阳人尽皆知。他出生在松阳县的卯山后村。有一年，故乡松阳遭受瘟疫，在武当山云游的叶法善赶回松阳卯山，召集众多道士采制卯山仙茶，以卯山仙泉煮开，开观施茶七七四十九天。百姓讨取仙茶饮用，得以避疫。由此可知，茶或者百草茶，都是自然界的伟大馈赠。

在元朝，有一个叫刘回翁的松阳人，写下一首诗《卯山》，表达他对先贤叶法善的纪念。在这首诗里，有四句常被后人默诵："石室夜明烧药火，云轩晓暖煮茶烟。背岩最怪苍松老，百折霜根不记年。"石室，便是叶法善隐居修行的地方，云轩则是他的茶室或书斋。

春雨仍在松阳老街上空飘洒。一杯清茶，茶烟袅袅。

草药店老板躺在竹椅上午休，此刻已然响起微微的鼾声。

【肆】

苔滑自来人迹稀，帘空偏觉下方低。

空厨竹畔无烟火，细和茶声有竹鸡。

——〔明〕詹嘉卿

"菜花姑娘"叶丹红喜欢在朋友圈里，晒一晒自己的日常生活。她在大木山拍的每张图片，都会引来一片赞叹。

蓝天，白云，茶园，大地——跟童话世界一样。

"不是我的照片拍得有多好，而是大木山的每一天都这么美。"

她在大木山茶室工作。上午和下午的阳光，会在深色的清水泥墙面和地面上投射出斑驳的树影。茶室的每一个空间，每一个角度，似乎都有晃动的光影。

风从水面上吹来，摇动梧桐树影，捎来茶园的清香。

这天丹红在茶室忙碌的间隙，看见湖面上倒映着一圈彩虹的光圈。她一惊，抬头去看，发现天上有一轮七彩的光晕。她把照片晒到了朋友圈里。

这间大木山茶室是建筑师徐甜甜设计的，建成之后，在国际上获了奖。很多人跑来打卡，在这里喝一杯茶，体验一下跟大自然最贴近的感受是怎么样的。可能建筑是联系人与自然的中间体吧，如果没有这间茶室，许多人身处大自然当中，而不自知这一份美。

好的建筑，如同好的照片一样，都是一种微小的提醒。

徐甜甜在设计茶室的时候，为了保留五棵梧桐树，特意把建筑退后了许多。现在，梧桐树成为茶室不可或缺的四季风景。

树影、阳光、波光、茶田，周围环境里的自然元素，都成为茶室建造的场地条件。建筑师说，这座茶园太美好了，要把自然环境引到室内来，也要让建筑融于大自然的外部环境。所以，她在这里实践了"半建筑半自然"的概念。

半，且半，这是很美好的状态。

半醺。半饱。春山半是茶。偷得浮生半日闲。

宋代松阳乡贤朱琳，有一首诗写当地的延庆寺塔，诗曰："僧老不离青嶂里，樵声多在白云中。"这也是很好的状态——樵声多在白云中，云雾飘来荡去，砍柴人如在仙境，茶园也如在仙境。

松阳这个地方，适宜茶树生长。八山一水一分田——山多，水呢，几乎都出自松阴溪。这条溪是浙江省第二大江瓯江上游的主要支流，一半的流域在松阳境内。山中多云雾，气候也适宜茶树生长。云雾之中，多茶。茶就是松阳的一张金名片。大木山茶园，是松阳茶园的代表。2015年，位于新兴镇的大木山茶园被评为国家4A级旅游景区，成为国内首个将自行车骑行运动与茶园观光休闲融合的旅游景区。这个茶园浩瀚如海，核心面积三千余亩，连片茶园面积八万余亩，景区内建有休闲骑行赛道八点三公里、专业骑行赛道七公里。在茶海之中骑行，简直是另一种方式的饮茶——目之饮，鼻之饮，肤之饮，耳之饮，何其酣畅哉。

松阳人的屋角、檐下、篱旁，都种着一棵棵茶树。开窗面茶圃，把盏话香茗。怪不得徐甜甜来到大木山，要在这样的茶园里建一所茶室，还要把这样的建筑，隐藏在一片浩瀚的茶海之中。人在草木间，才是一个茶字呢。

明代贡生、松阳人詹嘉卿，在他一首题为《万寿山》的诗中说："空厨竹畔无烟火，细和茶声有竹鸡。"炉上煮茶的声音，和窗外母鸡的咯咯叫声相和，山中日月长，这样悠然缓慢的日常，放在今天，也一样是叫人无限神往的事。

四月以来，丹红每天都是在大木山茶室中度过的，在童话一般的风景中，消磨她的一天一天。如果人生注定是一场浪费，那就一定要浪费在自己热爱的事物上。她是热爱茶的。在松阳，还有一些茶室，如老街上的"松阳故事"、乡下的"田园书房"，还有这大木山的五棵梧桐树下的茶室，都是众生凡俗的日常生活与茶事联结的秘密通道——在这里，茶不只是一碗茶汤，它更是云雾，是音乐，是古今贤人间的对话，是心灵之舞——说到底，那是美啊，傻瓜。

草木松阳

王　寒

一

松阳、山阴，这两个古地名，起得真好，仿佛对子，天对地，阳对阴，苍松对山柏。

山阴早就成了绍兴，而松阳依旧是松阳。松阳因处长松山之南，松阴溪之北，故名。松风时起，清溪长流，一千八百年后，这个名字依然带着草木清香。

松阳是隐士，隐于浙西南的千峰叠翠之间，带着几分高古的况味。它气定神闲，山川草木之间，隐含中国传统的古典韵味。一百多个格局完整、保存完好的明清村落，散落在二百零五座千米以上的山峰之间。松古盆地，如一只青瓷盆，被四面青山环绕，盆底便是浙西南的粮仓，粮丰林茂，有"松阳熟，处州足"之谓，农耕的烟火气，千年不散。

松阳除了县名，不少地名亦与草木有关。山曰长松，曰箬寮；村曰横樟，曰紫草，曰枫树岭；民宿的名字，曰西田花开，曰桃野，让人想到陌上花开，想到桃之夭夭，一派天真烂漫。村民酿的酒，也与草木有关，金刚刺酒、红豆酒、番薯烧、米酒。这些名字，俨然一本植物志。

不仅如此，在松阳，农事稼穑、生活方式，样样离不开草木。从林间、松下、茶山、果园，木结构的祠堂庙宇、佑护村庄的百年老树，到村头廊下随处可见的竹椅、厨房里的竹壳热水瓶、搓澡用的丝瓜络、老人睡的棕绷床，再到日常劳作中的割松取脂、摘叶炒茶、草木染布、种田割稻，无一不在与草木打交道。甚至于当地引以为傲的国字号的名头，花菇之乡、油茶之乡、名茶之乡、中草药之乡，也源于草木。

松阳，已然成为草木精华凝聚的古邑。

二

茶是松阳的草木之王。浙南茶叶批发市场是国内最大的绿茶批发交易市场，就在松阳，西湖的龙井、永嘉的乌牛早、安吉的白茶、福建的福云、天台的云雾茶，在这里打擂台。因为茶叶，这个隅于浙西南一角、瓯江上游的小城，成为"海上丝绸之路"的起点之一。松阳有一半的农民做的活计与茶有关，农民收入的一大半来自茶产业，中国的绿茶指数，竟然也是在这里发布的。茶为南方嘉木，俨然成了松阳的摇钱树。有一种黄茶，当地人称之为黄金芽，名字大富大贵，从质朴山人的口中说出，仿佛是一种隐喻，书中自有黄金屋，山中自有黄金木。

来松阳，见的是茶人，说的是茶事，闻的是各种茶香，就连美食——绿茶粿、茶叶虾仁、抹茶蛋糕、茶烤鲫鱼，都离不开那一片片碧绿的茶叶。

到松阳，喝的第一杯茶，是端午茶，也叫百草茶。是在明清老街喝的。

明清老街，热闹了数百年，有两公里长，从北头朝天门，直到松阴溪畔的南门码头。木结构的老房子里，打铁、打金、制秤、做棕绷、卖草药、做裁缝、磨豆腐、折锡箔、卖陶瓷、弹棉花……金木水火土，样样齐全。

在老街正逛得带劲，没来由地下起雨，雨点砸得石板泛青，躲在"山中杂记"书吧避雨喝茶。夏天的雨说来就来，说走就走，仿佛爱耍小性子的孩子。门内的人，喝着端午茶，有一搭没一搭地聊着天，门外的风车茉莉已快爬到房顶，在风中点着头，似在偷听我们的谈话。

端午茶，说是茶，却见不到一片茶叶，只有植物的根、茎、叶、花、果。

松阴松阳，溪边山林，散落着两千多种中药材，贾岛有诗，"松下问童子，言师采药去"，仿佛是为松阳而写的。金银花、三叶青、覆盆子、朴树皮、白芷、菊米、干姜、六月雪、紫苏、蒲公英、黄芪、艾叶、鲜芦根、白茅根、樟树根……采摘，晒干，既是良药，又是茶饮。草药堆中，东抓一把，西取一撮，热水泡煮，便成了端午茶。

热性、寒性、温性、凉性，什么脾性喝什么茶，要祛湿的加点干姜，燥热的加把金银花，气虚的撒点黄芪，是茶，却有药性，味道并不霸道泼辣，反倒温润平和。端午茶据说是唐时松阳高道叶法善炮制，能调和阴阳、清热解暑，故从唐时喝到今时，一喝千年。早年驿站、凉亭、道观，夏秋皆置木桶、陶缸，满盛端午茶，供路人自取饮用，曰施茶，既是人们的修行积德，也是站亭人的神圣职责。现在游人进村落，走得口渴，只消在村民家门口多站一会儿，村民便会端上一杯端午茶。一杯茶，照见松阳人的古道热肠。

三

喝的第二杯茶，是上垅村的野茶。

野茶种在半山腰，自有野性。说是种，其实是自生自长，许是山间野鸟衔来的种子落下，在风里雨里自由长大。

承包这片野茶树的女人叫吴美俊。她跟野茶树一样，也有几分野性，当过兵，在银行上过班，干过房地产，还跑到千里之外的云南大理种过夏威夷果，年过半百，不想再劳碌奔波，退休后，喝茶跳舞，倒也自在。周末开车到山里转悠，偶然间发现村里的野茶树长得比人还要高，四周长满杂草，多年来无人搭理，仿佛林中弃儿。

野茶树有五十多年树龄，跟她的年龄差不多。美俊爱喝茶，就想，可否用野茶树的叶子炒出好茶呢？四年前，她包下村里的野茶树，锄草，采茶，炒茶，忙不过来，就找来村民当帮手。这里的村民采茶，可以从春采到秋，一年采多次。美俊只采春天这一茬。她说茶跟人一样，要休养。休养得好，底子才好。村民起初不解，看她天天练抛茶，以为她是在练气功。她跟村民说禅茶，村民问，是不是开过光？

美俊给我泡了一壶手工炒制的野茶叶，味道醇厚，香气纯正。美俊感谢野茶树的馈赠，山间的这些叶子，让她割舍不下，她再也没有出过远门。村民说，这些野茶树也要谢谢你呢，是你让它们重见天日，就像五行山下的孙行者遇到了唐三藏。

四

第三杯茶，是在叶子庄园喝的。

朋友们去访秘色瓷，我去了叶子庄园。

叶子庄园的绣球花开得如梦如幻，紫的、红的、蓝的、粉的，花团锦簇，遮住了园中小径，整个庄园像是童话中的绿野仙踪。我年轻时不喜欢绣球，觉得它大得笨拙，人到中年，倒格外偏爱起它，开花时一团喜气，像唐装上的团花图案。

叶子庄园的花很多，有一千多个品种，绣球、铁线莲、月季、向日葵、睡莲、蓝雪花、百日菊、小丽花、太阳花……花是女主人叶伟兰一棵一棵种下的，我到时，女主人正在花园里忙碌。几万株花，像幼儿园的小朋友，有的吵着要喝水，有的要锄草，有的要剪枝，有的要施肥，她从早忙到晚。

男主人王超杰陪着我，悠闲地喝茶聊花。一壶红茶，色泽乌润，热气蒸腾。老王喜欢红茶，说味醇，养胃。老王也喜欢花，不过是被老婆拉下水的。他在国外打拼，在奥地利、西班牙开了二十多年的餐厅。他想让老婆出国，帮衬他一把。伟兰不愿去，说不懂外语，在国外没意思。

老王拧不过老婆，关了餐厅回了国。夫妻俩一起，在松阳办过幼儿园，开过餐馆，做过美容业。四年前，他们开始打造这个庄园民宿，花了六百万元，从第一朵花种起，一直种到现在的一千多种花。三千平方米的花园民宿，有绣球园、玫瑰园、夏日花园等六个主题花园。一年到头，花朵随风起舞。伟兰穿梭园中，如花仙子。

老王现在的日子很惬意，每天一杯咖啡，一壶红茶。他笑说，这也是东西方文化的融合吧。他说，同样是打拼，国外只是生计，现在的日子才叫生活。

五

第四杯茶，是在蛤湖村喝的。

六送了我和周华诚一瓶味噌辣椒酱，我用它来拯救夏日低沉的胃口。

六是日本人，大名叫上条辽太郎。喜欢音乐和行走，十八岁出国看世界，走着走着，心就静了，想找个合适的地方住下来。他到大理，住在苍山脚下，娶了旅途中喜欢上的日本姑娘阿雅，生了三个孩子：和空、结麻和天梦。在大理八年，过着自给自足的农耕生活，他的朋友苏娅与他合作出版了一本书，书名就叫《六》。

现在，六一家人住在松阳蛤湖村。离开大理，是因为"在大理认识的人太多，太累了"。六像陕北老农一样，头上包了块土布帕子，留着胡子，发际线退得很后，看上去像个道人。

他租的黄泥房，三千元一年，房前一大块地，他种下了秧苗和蔬菜。前几天下过雨，田里积了一寸高的水。他与华诚谈得很投机。华诚是作家，也是新农人，打理着父亲的水稻田。两人交流着种稻心得。六说，他喜欢这样的生活，与自然、土地、庄稼打交道，日子简静。他种稻种菜从不打农药，山里人讶然。他在村里酿酒、做豆腐乳、做辣椒酱，看书、演奏、办音乐会，阿雅刺绣、染布、做酸奶。跟他聊天，仿佛山中问禅——山中何事？松花酿酒，春水煎茶。

我请他表演一种乐器，他拿起一根木头，两米多长，一头抵在地上。他把嘴贴在木头上，"呜呜"吹奏起来。木头发出的声音，浑厚低沉，如山谷回声。他说，这根迪吉里杜管，是他用大理的梨木自做的。他抚摸着它，很珍惜的样子。平素，干完农活，洗脚上岸，他扶着它吹奏。木头被盘出包浆，有温润的光泽。

他的阿雅温柔地坐在一边，不停地给我续茶。一杯绿茶，清新淡雅，我喝了四五杯，直到喝不出茶味。

他家的木柜上，有一本描红本，封面上一行字：我留下来的理由。我理解了六。

这几年，松阳因为"江南秘境"的美名，引来许多人。从前，那些有野心的本地年轻人，像流水一样，流向京沪杭等大城市。如今，大城市的人带着知识，带着资金，带着梦想，流到松阳，在这里开茶室、做餐饮、办民宿、种茶叶、做电商。古城不再沉寂。

松阳三日，看的景少，见的人多。我遇到的这几人，美俊、伟兰夫妇、六和阿雅，他们与自然亲近，与草木为友，过着自己想过的生活，他们内心安静敞亮，劳作，喝茶，酿酒，看山，看花，生活简单，心情愉悦，因为心中有光，日子闪闪发亮。

云游四方的诗人、歌手周云蓬说，每到一个城市他就给一个城市打分，有山有水加十分，行道树好看加十分，饭好吃加十分，酒好加十分，一个朋友加十分，两个加二十分。

我该给松阳打几分呢?

去旷野喝茶

草　白

　　没想到还能在炎夏之后的深秋，再次来到这片土地上。竹林沃野之间，空气澄澈，有隐约的花香漫溢，头顶天空湛蓝如洗，视野所及，无不安静、透亮，流光溢彩。

　　一路上，黄山栾、枫香、银杏、栗树于秋风中摆荡，叶片泛出彩釉般的光泽，完整而辽阔的秋之大幕随之缓缓拉开。

　　茶园的出现总让人怦然心动，阡陌纵横——宛如分行的长短诗句，宛如千叠翡翠、一带琼瑶，宛如绿色幻境。明净的天，明净的地，明净的旷野。

　　星罗棋布，光影琉璃，层层叠叠，绵延无尽。

　　时令为寒露与霜降之间，桂花的香气在树影间流荡、徘徊，飘飘忽忽，御风而行。最后一批秋茶已采摘完毕，茶树上仍有零星芽叶冒出。至冬，茶树便进入休眠期。此后是漫长的等候与积蓄力量，待来年春日被唤醒。

有时，静待比行走更能有所思，有所得。

比如，在这秋日大地上，除了漫无目的地闲逛，闲云野鹤般地遁走，我更想在野生茶树下，寻一处幽僻所在，铺一张老布茶席，折一枝金桂，摆三颗松果，天高云淡，幽林醉人，翻一翻随身携带的书籍，喝一杯旷野里的清茶。茶香，云影，隐逸气，烟火气，俱在。

这也并非什么难事。自带热水瓶一只，旅行茶具一套，内有茶壶、茶海、若干品茗杯，足可应付简易茶事。没有茶则、花器、茶匙、茶夹，剔除繁杂的仪式、不必要的程序，在茶饮中等待与自然、大地的欢聚。

在野外，喝茶是渐修，望天是顿悟。美妙的时刻，可遇而不可求的时刻，自身是渺小的，天地是宽阔的。茶是心灵和身体的通道，一片叶子，一缕芳香，一声鸟鸣，通往一个万物有灵的世界。

将茶席搬离禅房、茶室、露台，搬到茶园里、溪边、廊桥上，搬到古村落、古桥头，搬到山风吹拂、暖阳辉耀之地。

那天，我们将茶席搬到一处海拔四百米的地方。

在松阳，在三都乡，在松庄村。

那里，还有一家叫"桃野"的民宿。这是《诗经》里的名字，也是深山里的地标。秋天没有桃子，但有桃胶。桃胶为蔷薇科植物的分泌物，有浅黄、浅棕、深黄、深棕各色。时间越久，颜色越深，就像自然界里的花梨木、玛瑙和玉石。

除了桃胶，还有板栗、黄豆、柿子，漫山遍野的柿子。

扁圆或圆锥形的柿子颇有禅意。南宋画僧牧溪画有《六柿图》，画上只六枚不同墨色的柿子，却将天地万物囊括其中。高高在上的柿子是深秋的果实，孤零零地悬在枝上时，有一种生涩、伶仃之美。熟极坠落后，便有橙色的甜美汁液流出。

秋日的暖阳似乎也带着甜味，带着树的绿、花的香、山泉的澄澈与甘冽，是夏的酷烈、冬的寡淡所不能比的。

那天，我们将茶席摆在一道秋的溪流前。

流水淙淙，其声如佩。桂香恍惚，随风而至，又倏忽而去。黄白色野菊开在水边，蝴蝶、蜜蜂殷勤地飞舞往来。天空太干净了，用契诃夫的话说，像是用雪水洗过似的。大地也是，浮尘荡去，俗虑尽消，好似回到了生命的初始状态。看来四季的起始不是生机勃发的春，而是秋，是无尽藏，又一无所有的秋。

过去的已然过去，未来还在来的路上，且暂停脚步，来喝一杯秋天的茶。红茶、青茶、老白茶、普洱茶，发酵或半发酵的皆可。还可加陈皮、党参、合欢、山楂等物，但最好什么也不加。

在松庄的小溪前，我们喝的是正山小种。那是世界上最为古老的一款红茶，叶片乌黑油润，茶汤橙黄透亮；以松针熏制而成，闻之有花果香和松烟香，让人想起森林和旷野。

自带茶具、热水，在户外饮茶，在我还是第一次。想起少年时的野炊，在溪流边、坡地上，用松针、干树枝生火煮面条或做蛋炒饭，将屋宇之内所做炊事移到户外，兴奋莫名，好似回到先民生活与劳作的现场。

在松庄，我们好像是野生的，是植物史上的第一株茶树，是山间的第一道溪流。我们坐在太阳和云彩之下，坐在流水边，与屋檐、瓦砾、溪石、拱桥，与游步道上的竹影、泥墙上的苔痕以及游来游去的鱼共饮，那些石斑鱼，对水质要求高，离水即死，多么金贵！

本来，我们想将茶席移至流水和游鱼的身边，既可赤足浸于水中，亦可双手掬水，学一学那古老的曲水流觞，哪怕我们喝的只是茶。——喝茶也会醉，那叫"茶醉"，解茶醉又极为简单，只需饮一杯糖水便可。但这是秋天了，流水之上寒气自生，最好别这么做。

其实，我们还可以去松阴溪畔喝茶！

那是松阳城内最清澈、最明亮的溪。水清岸绿，溪面开阔，栖息着白鹭、翘鼻麻鸭、鹭鸶等水鸟，还有百年古樟、枫杨、柳树、黄山栾、栗树，当然，秋风里，最不能少的还是金桂和银桂！空中吹来的风都是香的，天地是一个大香窟，将它的韵味渗透至每一个角落。桂花为什么那么香？因为花瓣里蕴藏着大量的芳香类物质，例如醇、烯、酮等等。茶叶为什么也香？也是因为芳香类物质的存在。据研究，茶叶中已被鉴定的芳香类物质有七百多种，但能被人类鼻子捕捉到的不过十余种，人类多么可怜！

在松阴溪边饮茶，看水上群鸟翩跹，看溪面涟漪荡漾，再抬头，望一眼天空，低头，天光云影既落在溪水里，也映在茶汤中。

天与地，水面和星空，如此对应，如此明净！

秋日的松阳大地上，还有很多可以喝茶的地方，我想到县城三四公里外的延庆寺塔。塔身上写有许多个"吉"字；塔为砖木结构，中空，可登塔顶。秋日正宜于登塔眺望。高处望远，平地饮茶，浅斟慢饮，将时间拉长，往无穷尽里推延。人们一直想要弄懂茶，它的品种、产地，它的色泽、芳香，想要知道一片叶子如何贡献出全部精华，无奈茶既是解毒剂，也是迷幻药。这世上，并没有两杯一模一样的茶汤。

茶有三气，"地气""茶气""人气"。所谓"茶气"，大概便是那一株灵巧仙草本身所蕴藏的生命能量。野生优于家养；植茶之土壤中，烂石胜于黄土；茶地南向为优，北向为劣；高山云雾育好茶；如此等等。但这些还不够。采摘、烘焙制作、贮藏，任一环节都不可疏忽大意。一杯茶汤，所得所遇皆为偶然，也是必然。

原来，一片叶子也可以开出花来，那是怎样一朵芳香四溢的花！是水使之重生，使之风情万种、扑朔迷离。水是茶叶最后的道场。由茶到茶汤，将无形精华溶于其中，渐变幻化成一缕香气，一声浅吟低唱。

这些都是我在溪边饮茶时，以眼、耳、鼻、舌、身、意体味到的，好似每啜饮一口，体内便多出一条通道，通向大地、山岭和茶园。

在松阳，在群山峻岭之间，有很多废弃的古茶园。茶园深处埋藏着一座座遗址废墟，或许还有出土文物，有盛酒专用的壶与樽，有储存茶叶用的陶罐。如果可能，我真想站在那一片向阳的遗址腹地里喝一盏秋日红茶，汤色红艳，带着熟板栗香，气味醇厚浓烈，犹如秋日天边的最后一抹晚霞。

听朋友说卯山那一带曾有古茶园遗址，那是荒野里的废墟，想必早已与山林交融成片，老茶树上缠着藤蔓，茶园里长满野草野花。野性生长的茶树，枝干隐藏在栗子树、油茶树、香榧树等的背后，自行生长、枯荣，除了按时抽出绿叶新芽来表明自己的身份，再没有别的举止。那一芽一叶或一芽二叶，便是制作茶叶的原料。它们的贫穷、富足、谦卑、自信皆来自足下的山石土壤。

忽然想起那个叫"山·醺"的茶酒空间。它是松阳城的水陆地标，也是"网红打卡地"。

我们去过那里两次，每次都在夜里，夏夜和秋夜。"白天喝茶，夜间饮酒。"尽管是夜里，我们喝的还是茶。茶名好听，也好看，"山红""山香""山蓝"。抵达"山·醺"要走一条长长的木质廊道，廊道底下是水，

"山·醮"四面都是水——通往松阴溪，"宛在水中央"。窗外是独山，一弯新月如钩。山、水、月色都有了。人在其中，荡昏寐，忘俗虑，饮之以茶，以溪光山色！

不亦快哉！

山里的茶滋味

何婉玲

浙江最美的茶园竟不在龙井，而在松阳。

茶树种在山丘上，万亩茶园，采茶的多为妇女，也有男子，头戴三角锥状的草编帽子，身上背着布袋。茶道狭窄，我侧身而走，来到茶农身旁。

秋天了还采茶？

这是最后一批茶叶了，正月后开始采，一直到现在。

杭州茶园也多，茶树也是依山而栽，却没见到如松阳这般广阔无边的，平原、山坡、田塍、屋旁，都是矮矮的茶树，被修剪得一丝不苟。我以为杭州的茶山够清丽了，却没想到松阳的更是恍若世外仙境，天空蓝而高远，时间静而纯粹，万顷无瑕，青绿无边。

此时正值寒露时节。寒露前三天和后四天采的茶叫寒露茶，又名"正秋茶"。寒露茶是一年中最后一批茶，叶片大，不似春茶那般幼嫩不经泡，也没有夏茶的干涩苦味。正秋茶，仿佛人至中年，历经浮华，达到了最为圆融的状态。

路边三轮车上堆着茶青，绿茸茸的茶树新叶，让人仿佛又回到了春天。我想买一些茶带回家，便跟着来采购茶青的一位婆婆到了她家茶厂。茶厂在茶山旁边，机器轰轰轰在工作，滚筒里都是碧青青的茶叶。

茶香爆裂在车间，整个人好似浸在一杯茶中。

在婆婆家买了一斤松阳高山银猴。

"这是明前的松阳银猴。明前的茶好，明前的茶叶都是不打农药的。"她说。

我将买来的松阳银猴用牛皮纸分装了一些送给家人和朋友，留下一小点自己喝。

松阳银猴，条索细卷呈弯钩状，精巧可爱，像小猴蜷曲的尾巴；茶叶有两色，一色是十五满月的银灰白，一色是暮霭之下的墨绿青。

用八十摄氏度的水泡绿茶，一尾尾蜷曲的茶叶舒展开，一如长在枝头的样子，一叶一芽，又如小鸟微微张开的喙。

我喜欢用盖碗泡茶，倒出茶汤，能闻叶底香。周末下

午，不午睡，我在飘窗上置了茶席。茶席上最好有一枝花，没有花，有一枝叶也好。从阳台上剪下一枝南天竹，插进细口花瓶，清新雅正。

松阳的高山银猴，色泽翠润，汤色清亮，清清爽爽淡淡的茶滋味，总让我想起家乡常山山野中的绿茶，也是这般清清爽爽淡淡的，仿若能尝出高山上的云深雾白、林木中的风摇枝动。我将这种茶称为"山里"的茶。

忆起日本茶道大师千利休写过的一首诗：

先把水烧开，

再加进茶叶，

然后用适当的方式喝茶，

那就是你所需要知道的一切，

除此以外，茶一无所有。

此前参加茶艺师培训，茶道表演课上，老师要求女生微微翘起兰花指，揭盖的手要绕着盖碗做一个回旋的动作。到现在我仍觉得那是一种没有美感的刻意表演，甚是画蛇添足。

我始终认为，茶艺的本质，是茶，不是表演。一如千利休所写，"先把水烧开，再加进茶叶，然后用适当的方式喝茶，那就是你所需要知道的一切"。

也有说，茶道的最高境界是"不是茶"，或者说，喝到最后，喝的不是茶，而是超越茶的一种清静和空寂。

但我认为，茶道的最高境界一定是茶，茶就是茶，虚虚实实，实实虚虚，落到实处才是高境界。

有人说，顶好的茶，喝一杯少一杯，我觉得这不过是商家饥饿营销的说法。喝茶，我不分好坏。那种顶好顶好的茶，我大约也没有喝过。好的茶，也许会让人飘飘欲仙，但在这普通农家购得的普通银猴，却有一种真实的"山里"滋味，虽然香气不那么馥郁，却更能让人品尝出茶道的最高境界：清爽、解渴又解乏。

云爸走进房来，陪我坐了坐，聊起未来的生活。我回想起今年初夏，在黄岩九峰公园桃花潭遇到的茶馆先生。茶馆先生经营茶楼的同时，也做些茶叶生意，每日在浓荫翳翳的林子里喝茶待客，这样的日子，着实令我们羡慕。

我便幻想着，再坚持几年，自己出来做些小本生意，总之不能在企业打工一辈子呀，不求大富大贵，只求生活自在，难得到这人世走一遭，总要对得起自己。到时候我可以寻到那日偶遇的茶厂婆婆，帮她卖松阳的高山银猴，卖黄金茶，卖高山上那些养在深闺人不知的好茶，当然也卖古树红茶、白牡丹、凤凰单丛、大红袍、西湖龙井、开化龙顶……

若在林中有间茶馆，则更如人意，每日去林中上班，那般泡在茶水中的日子，想想都清润荡漾。

秘境之中的茶意

叶　子

　　关于茶，种的人很多，喝的人更多。基于我对茶有限的认知和品鉴，把松阳茶从众多种类的茶中分列出来，让它与松阳的历史文化、山水特征融合，是我所不能胜任的任务。

　　但我除了相信松阳茶和其他地域的产品一定有同质之处以外，更确定的则是其由众多共守于松阳的茶人所衍化来的异质部分。

　　坚守茶业几十年，先后荣获浙江省五一劳动奖章、省农业科技先进工作者称号的卢良根，矢志不渝地推广茶叶种植加工技术，不断调整传统茶叶种植结构，研发了"银猴"茶等诸多家喻户晓的名茶。

　　要让茶水回到茶的本质而承接更多诗意的中国陶瓷艺

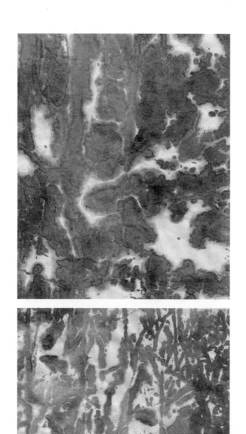

术大师、浙江省工艺美术大师刘法星，在他从艺的三十多年间，在时间长河中，让我们看见品尝茶水时另一种深沉的颜色和味道。

新兴镇大木山万亩茶园的开阔视野和起伏的山丘，让我们有机会行走穿梭在诗意之境……

毕业于浙江大学的"80后"陆俊敏，几年前辞掉杭州令人羡慕的工作，携妻带女回到家乡松阳创业，如醉如痴地侍弄茶树。

只为坚定保护老祖宗留下的远古品种，只为让更多人喝到高品质茶而执着照拂几百棵老茶树，让茶叶在手中舞蹈的茶人吴美俊。

还有很多很多我无法一一描述的与茶山茶园茶树茶叶茶水茶文化相守相伴的老茶人新乡贤……

还因为松阳老街寂静烟火的酝酿、黄家大院沧桑往事的积淀，因为过云山居、平田山居云雾缭绕中的滋润，因为陈家铺先锋书店的咖啡熏染和茶香蒸腾……

这让松阳茶杂糅了"最后的江南秘境"之味：谦和之中深藏绵柔饱满，隐忍之中颇具浓郁张力，茶韵含蓄而四溢，香茶、禅茶、有机茶、端午茶……这些寻常又通俗的名称，已远远超过记忆中的数字。

于是我写下诗句，勾勒画面，以填补我叙述的空白。

茶色

从哪一天开始

无数静坐的身影已经投射在原野中

布满水声的下午

含有出海前天空的寓意

好像金银花艾草叶的多重标志

浸泡在一只秘色杯子中

蝴蝶在窗外舞动玫瑰花语

光影之间

一棵茶树合并另一棵茶树

连接石菖蒲、桑叶和冬青

与棕褐屋檐构成的风景

刚好与茶园中躬身的人共鸣

需要多少童年

才能从一棵樟树的荫下离开

需要多少白昼

才能掩映夜中的田园

春天已去龙井山开辟疆土

那个在雨中挥锄的人

却执意要把秋天留给茶色阡陌

松枝在浅绿与深绿之间点头

阳光高过肩膀

秘境的涟漪早已找到松阴溪的源头

反复涌入的名字

犹如花瓣

汲取着茶树间不断叠加的幽香

你若能沉静地坐下来，在一杯松阳茶水的浸染中，你会听见松阴溪水流淌的声音，听见那个声音裹挟着相融于山水的心绪，在远眺中，在近观时，迎接那诗和远方带给你内心的平和宁静。

松阳山峰隐含的金棕色，将茶园的绿映衬得更加真挚，

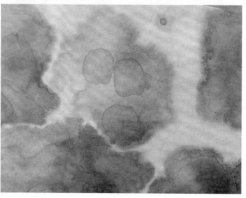

那种质朴所焕发出的勃勃生机，正是我们从小就熟悉的清朗味道，让人在幽远中被完全接纳，深得抚慰。我们也因此时时铭记大地的馈赠和滋养，真实地感受诗意低回的共鸣和召唤，去印证身心在游弋远方之后的安顿与归属。

看日出

又一小雪节气凝成了暖阳的笔触

我于是泡起一杯银猴茶水

升温的薄雾

让我抬起头来

要去险峻的山顶

看看散佚的光阴

一路上笑声和偶尔的沉默

绝非天堑阻隔的褊狭

一群曾经爬坡登高涉水煮茶的人

一群曾经被暮云捆缚面容沉郁的人

如今终于安顿好弓弦的脊柱

不再陷入日落之后看不见的沼泽

在我们抵达之前

观景台上有很多人正在抬高视线

他们正在接近那一瞬辉熠

和我们一起

成为此行幸运的人

诗人里尔克曾经说过："一切物与人的结合都退至共同的深处，那里浸润着一切生长者的根。"我坚信，茶和人，正沿着根须的方向，相互浸润。

卷二　茶人录

一朵秘色花

草　白

缘　起

很多年前，我在一间叫南方嘉木的茶馆里第一次听闻"秘色瓷"。它让我想到的不是瓷器，而是某种模糊、氤氲的色彩，由于年代久远，其来源、配方均无从考证。由此，我想到桃花水母，想到一种叫朱鹮的瑞鸟以及《山海经》里远古时代的动物。直到有一天，我来到浙江松阳，站在一个研制秘色瓷的工匠面前——他叫刘法星，这也是北斗七星第二星天璇星的别名。这位以星为名，学过木雕、黑陶，曾走街串巷卖过画，也给寺庙做过佛像的手艺人，有一天忽然跑到龙泉，当了工艺美术大师徐朝兴的关门弟子，一门心思做起青瓷来。

在龙泉，有人和刘法星谈起一种叫"秘色瓷"的东西。他被图片里的器物青绿莹润的光泽所打动，耳边好似响起山涧清泉，声音清冽而朗润。

谁也没想到这位生活于21世纪的工匠，会毅然离开黑陶，去研制这种流传于9—11世纪的器物，为着那种内部空寂、注定会破碎的东西，日日夜夜，好似入了魔。

雨过天青，秘色归来

"那一刻，我感到自己的身体好像要蹦起来——"2022年6月的某一天，年届花甲的陶瓷艺人刘法星讲起2017年那个遥远的早晨，仍忍不住嘴角上扬，黝黑的脸庞上浮现出泉水般清澈的笑容。

他的家乡丽水松阳县，古属处州。彼时，龙泉青瓷窑也在处州境内。宋人庄绰编著的书目中记载，"处州龙泉县多佳树，地名豫章，以木而著也……又出青瓷器，谓之'秘色'"——尽管龙泉也出秘色瓷之说未必可信，但由此似可推测出龙泉窑也烧制过胎质细密、釉色翠碧的越窑青瓷。

在刘法星的记忆中，2017年1月是个罕见的暖冬。冬至已过去十七天，最低气温仍维持在十摄氏度以上，近似深秋。晚唐时，匠人烧制秘色瓷也主要在秋天，"九秋风露越窑开"，气候干燥，柴火充足，正是烧窑好时节。那天，刘法星像往常那样来到成型车间准备开窑。经过一天一夜的冷却，窑温已降至可开启状态。不知为何，这一次，他竟有些莫名的紧张与慌乱。他打开窑门，往里张望一眼，瞬间蒙掉了。那一刻，他脑子里一片空白。棚板上的瓷器居然呈现出日思夜想的光泽，神秘，幽远，一种失传一千两百多年的颜色就在眼前，就像在湖底沉睡千年的宝物忽然浮上水面。

几分钟后，他以十二分的小心拉出窑车，动作缓慢、轻柔，生怕眼前的器物不翼而飞。但这一次与以往任何一次都不同，他唤醒了它们——那些诞生于晚唐五代时期的陶瓷，釉色温润、静穆雅致，就在他触手可及处。那一刻，他错以为它们来自同一片晚霞与星空。过去十几年里，梦里梦外，他无数次地见过它们，脑海里全是那青色恍惚的身影。吃饭、睡觉时，他都在琢磨着如何接近它们。为了那件出土于黄岩灵石寺塔的越窑青瓷熏炉，他在浙江省博物馆待了足足一个礼拜；至于临安博物馆，他更是去过无数次，闭着眼睛也能勾勒出那只越窑青瓷褐彩云纹熏炉的线条，它出土自钱镠之母水邱氏的墓穴，炉内仍有残存的香灰，似乎还散发着晚唐空气里那一缕神秘的幽香。这些博物馆里的旧魂灵一度成了他魂牵梦萦之物。

现在，雨过天青，它们循着火光回来了。刘法星取出窑腔上层离他最近的那只天青色茶盏，瞬间，温热的气息在掌间蔓延。他放下这件，又拿起另一件，双手在杯、盏、盘之间勾留。眼前出现一片氤氲的湖面，烟云弥漫，他想起家乡境内穿城而过的松阴溪，也想起大木山和双童山。"湖山蔼蔼旧相识"，如今，它们都落在这一件件新出炉的器物上。

这一天，距离2003年第一次烧制越窑秘色瓷，已过去十四个年头。五千多个日夜，六百多个配方，千余次试验，诞生了六万余件堆积如山的废弃坯体。其间，他卖掉五套房子，每天除了六小时睡眠，便是夜以继日地工作；当身体陷入魔怔状态，他早已与手中的瓷泥合二为一。他不去想过年的餐桌上有没有肉，也不去想那些怎么也无法还清的债务，任脑子里装满釉水配方，无数种组合就像沸腾的茶汤，随着时间流逝不断有东西析出。他是手艺人，更是冒险家，世间万物都要经过严格淬炼才能呈现耀眼光华。秘色瓷从原料、素坯到上釉后的瓷体，要经历三次烈焰烧灼。最后一次，更要从常温升至一千三百摄氏度左右，历经脱水期、氧化期、玻化期与保温期：这既是泥与火的艺术，也是毁灭与重生之旅；是天人合一，是物之生生不息的轮回。对此，人们只能做笼统而抽象的概述，具体的成型过程、与火焰有关的秘密，谁也无法说清。任何微小的纰漏、偶然的过失、不经意的动作，都可能让烧造功亏一篑，结晶、缩釉、气泡、开裂等更是寻常事件。

很多时候，刘法星感到秘色瓷就隐藏在眼前的火焰中，窑火灭后，便会自动呈现。夜深人静，家人早已熟睡，他还坐在窑门前守望。无论窗外是冰天雪地还是凉露侵衣，在烧制车间，一年四季都闷热如煮，都是夏天。

在遇到秘色瓷之前，刘法星迷的是良渚黑陶，那是另一段没日没夜的烧制之旅。他感到自己的身体里有火焰，也有水。他不断取出体内的火焰，又取出水。饶是如此，也无法平息内心的风暴。他的双手停不下来，需要不断地去制作什么来获得平静与满足。行家对他的黑陶作品的评价是：沉静洗练、高古幽远，意境苍远而不阴晦，手法老练而不失新润，堪称一绝。

他毅然从黑陶的七彩光芒中走出，去寻找处州大地上的秘色之光，他相信那种东西的存在，就像相信晚唐的天空中一定有鸟飞过。

痴人与梦

相传宋徽宗做过一个梦，梦到"雨过天青云破处"，梦醒后，他下令工匠烧制这种颜色。这便是汝窑瓷器天青色釉的由来。秘色瓷的诞生是否与梦境有关，我不得而知，但后人孜孜不倦地研制这项失传技艺的行为本身，倒近乎痴人与梦的关系。

松阳县处州古窑瓷研究所，一处位于松阳县郊的院落，既是陶瓷匠人刘法星的工作室，也是他的家。当传说中的秘色瓷摆在眼前，我几乎有些不敢相信。如果说秘色瓷的颜色是天空与湖水的颜色，那么世人所见的湖水与天空，原本就各不相同。刘法星研制出的秘色瓷，色呈青、黄、灰，胎质细密如玉，釉色温润似璧，通体洋溢出一股氤氲的气息。

随着1987年法门寺地宫的开启，消失了上千年的秘色瓷重见天日，玲珑的器形与釉色让人惊叹。人们随即发现，即使对照博物馆里的馆藏，唐代诗人徐寅在《贡余秘色茶盏》里的描述也是如此精确。诗歌讲述的不过是诗人某日偶得一只秘色茶盏，且是进贡所余之物，但在他眼里，那一只被挑剩下的秘色茶盏已然是"明月染春水""薄冰盛绿云"的尤物。

"贡余"之物尚且如此，又遑论真正的进贡之品。唐代文学家陆龟蒙更以秘色瓷器来抒写胸中块垒，"好向中宵盛沆瀣，共嵇中散斗遗杯"，如果夜半之时，在秘色瓷碗中盛上浅浅的露水，便可以陪着嵇康将杯中的残酒饮尽了。诗人让秘色瓷碗与竹林七贤的酒杯遥相应和，此情此景，又该是何等销魂。

一千多年来，人们对何为真正的秘瓷之色浮想联翩，刘法星于反复烧制中形成了独特的秘色谱系，"我不让它偏离青、灰，青灰既是主题，也是感觉"。青灰色调中，青为冷色系，灰是中色调。淡淡的灰中似藏有七彩虹霓，而青之所指似乎更为复杂——苍、蓝、碧、翠、绿等都可归于"青"之囊中。青为东方之色，是《千里江山图》的颜色，更是江南三月江水的颜色。

刘法星研制的秘色瓷为纯亚光釉，青灰色调——青中泛灰绿，绒光，玉质感，低饱和度，让我想起乔治·莫兰蒂的画。没有大亮大暗之色，是晴朗天气里的晨曦微露，也是旧时纸窗里透出的曲折微光。

这样的亚光，含蓄蕴藉、沉静内敛，不以大面积反射自然光线为目的；这般器物自出窑那一刻起，便像是从光阴深处走来，宛如古玉之五色宝光——那是来自时间深处的包浆。

成功研制出亚光秘色瓷后，刘法星又千里迢迢赶去陕西法门寺博物馆，"抚触"千年前的秘色瓷器。尤其是那只玲珑剔透的葵口盘，灯光照射下，盘内似含着一汪清幽的泉水。最终，由这汪"清幽的泉水"，他研制出半亚釉色。

刘法星认为所有釉色都为生命之色，它们是流动的、鲜活的，就像奔泻的山泉。不同光线下，它们会产生迥异的色泽，以至于当同一器皿出现在不同天气、时辰时，就像出现无数个分身，让人惊叹。

西安法门寺内"触手可及"的秘色瓷记忆，一直留存在刘法星的脑海里。手与眼，到底哪个才是创作的主人，他说不清。他只知道那些来自唐朝的器物并非全无瑕疵，比如有些器物的底部有缩釉，或青或白，色泽不一；如果以放大镜视之，还能发现局部釉内有大小不一的气泡。或许，正是这些瑕疵打动了他，好像只有如此才能表明它们也是由人创造出来的；一千多年前的无名工匠与他一样都是凡胎肉身，他们在青山绿水间练泥、修坯，轻揉慢捻，夜以继日地工作。千年前的秘色瓷入乎自然草木之中，又超乎其上，通体清亮，气息雍容，给人以古玉的温润华滋之感，好似刚刚离开工匠们的柴窑，晶莹的釉面中还隐藏着自然的幽微与宁静。

从法门寺回来不久，刘法星去了慈溪上林湖后司岙秘色瓷窑址。在那里，他捡回一些唐、五代时期的瓷片。让他颇感意外的是，遗址内的秘瓷之釉色居然如此丰富，有天青、月白、象牙、金褐等色，细腻光滑，呈半透明状，且器型不一。走在布满瓷质匣钵和碎瓷片的湖畔之路，他常有一种穿越之感，己身仿佛化作千年前烟熏火燎的窑工，在上林湖畔沉思与劳作。随着湖面上升，当年的部分窑址已没入水中，潺潺溪流之中，碎瓷布满溪底，泛着玉石般莹润致密的光泽。而未没入水中的部分，也已被荒草树木所覆盖。

陆羽选茶具，认为如冰似玉胜过类银似雪。刘法星的秘色瓷虽为一次施釉，但釉层厚薄适中，釉面气泡小而密集，呈现出润泽如玉的质感。玉质感的产生还与釉料配方有关。无灰不成釉。北方的汝窑以玛瑙入釉，但无具体工艺流程传世；越窑釉灰的炼制工艺虽有详细记载，但近代匠人很难完全复原其中精粹。

　　刘法星所研制的秘色瓷，其釉料中有岭根釉土、紫金土、草木灰、谷糠灰等成分，整个烧制过程可谓"千锤百炼"。尤其是不可或缺的草木灰，最好选有机草木灰、茶秸秆草木灰等传统配釉材料。即使同为紫金土，也要根据颗粒粗细、是否耐高温、与素胎是否吻合等情况，一一试验烧制，选出最优组合。单一材料尚要如此精挑细选，遑论组合之后的调整、筛选、优化，以及与具体瓷土的结合，无数种可能性都要一一排演，依次试验，可以想见其中的繁复与艰难，类似于科学家所做的试验，千回百转，山重水复。

　　为了寻找适宜的原矿粉料和釉料，刘法星的足迹遍布景德镇、龙泉、宜兴、佛山、淄博等地。他经常在找到原矿釉料后，组织工人上山开采与搬运。从材料到成品，从瓷土、原矿釉料到釉土矿粉，多少道工序，多少次配釉、试釉烧制，以及无数次的高温保温氧化还原，才最终烧成那一只只釉面青碧、晶莹润泽的秘色瓷器，宛如一片宁静的湖水，或一方幽深的湖泊。

　　这一个个秘色瓷碗，看上去如此孤寂，宛如从时空深处穿越而来，需要一个人以全部心力去聆听、凝望与审视。

盲盒开启，波诡云谲

对刘法星而言，每次开窑，宛如开启盲盒，也像等待彩票开奖。在窑门打开之前，一切都是未知的。这份未知，年复一年地吸引着他。每一次，他都充满期待，都像是第一次。

晚唐、五代时期，秘色瓷在烧制时并不直接接触炉火。一器一匣，瓷胎被装入瓷质匣钵中，并以釉浆密封，使之受热均匀，避免釉面被二次氧化成偏黄色调。窑门打开的刹那——并不能即刻看见，需敲开匣钵，才拨云见日。那是古老的柴窑时代。现代气窑因能准确地控制烧成曲线，保证了窑温的可控性，使得秘色瓷的烧制工艺发生了很大变化。其中之一便是匣钵的弃而不用。

刘法星并不神秘化柴窑，他知道柴窑的好处，更明白它的局限。他已经使用气窑多年，用着也顺手，关键是可以提高效率，一个人守着也不累。五六天一循环。今日入窑，要后天早晨才能等到窑熟。窑门打开的刹那，他的心脏总会按捺不住地多跳几下。与别的瓷器相比，秘色瓷胎釉结合紧密，少有开片现象。如果开窑后，听见一记细微的"叮"

声，八成是某处瓷裂了。那时候，他的心头就会紧一紧——又多了一件瑕疵品。可也有意外之喜，如果"窑变"恰到好处地发生了，普通器物便能上升为艺术品。它是水土所合，也是时间与温度魔力的体现，非人力之巧所能为。这样的情况刘法星遇到过几次，但可遇而不可求。问他如何解释窑变结晶现象，他想了想说："这有点像煮米饭，煮熟后再焖一会儿，可能就发生了。"可是，需焖多久，气压及火力如何掌控，都无确数。也有可能，焖了也不成，或干脆焖坏了、烧焦了。宋瓷中的冰裂、蟹爪、牛毛、鱼子纹就是窑变的产物，尤其是冰裂纹，多么美，让人想起诗人北岛的一句话，"如今，我们深夜饮酒，杯子碰到一起，都是梦破碎的声音"。陶瓷史上，哥窑的开片是绝唱，不断发生的碎裂声就像河面破冰、树木生长。在古时，窑变一度被视为不祥之兆，后来才被引为缺憾之美，获得文人、艺术家的青睐。

　　秘色瓷的结晶窑变有点类似摄影师的失焦拍摄，没有固定焦距，成像后全然模糊。如此，或可成就一段意外之美，就像一次美妙的邂逅。选料、练泥、制坯、上釉、烧造……窑变的种子或许就藏在其中某一道工序里。刘法星给我们展示过他的"得意之作"——一只褐色八角盏，八个面，面面俱有风致，釉色好似自然流淌而成，有种水墨的氤氲感。釉具五色，褐色之中藏着红、黄、蓝，藏着万千变化，宛如流动运行的水、轻盈缭绕的雾。初看，若隐若现，灿若烟霞；再看，分明是波诡云谲。难怪朋友们都说，"可真是美啊，幸亏发生了窑变"。

刘法星热衷于试验与收集意外之喜。每一窑中，总有几样是他的试验品——瓷泥经过调整，釉料配方也是全新的。他记下它们的耐温性、发色情况，以及烧制过程中形成的升温与降温曲线。那是一组神秘的线条，宛如数学中的抛物线，每个一弧度都蕴藏着万千变化。他已成功试验出一百五十多种配方。整个烧制过程，便是不断发现秘密并揭开秘密的过程。

从无到有，再到隐匿不见，任何器物的诞生，都遵守空寂之道，并因此而容纳万物。秘色瓷来过了，消逝了，如今又被人试了出来。就如上林湖的水下遗址被淹了，退回到历史的深渊里，谁也不知它哪一天又将重见天日。

开出一朵秘色花

它们是一朵朵花。看着这些造型不一的秘色茶盏、杯子、碗碟，就像看着自然中的各色花卉。不是浮花浪蕊，是葵花、菱花、荷花以及海棠花，属中国古代典籍里的二十四花品。这些花口杯盏，造型古雅，气息淳朴。面对如此茶器，宛如面对山河故人。一室一物，一边一隅，取其精华，慢慢融于现代空间之中。如此，在日常生活中才能生出隽永之心、缱绻之心。既有茶香之美，也有器物之美，前者源于云雾山涧，后者采自草木矿物，千锤百炼而成。

法门寺地宫出土的秘色器大都为圆器，雍容、古雅、大气，为唐人审美典范。而刘法星所研制的秘色瓷，造型多变，多为花口杯盏。那几乎是另一种圆，是"圆"上所做的增与减，虚实凸凹，似断实连，最终拢成一个浑然、质朴的器型。

清茶一盏，知己二三；室内洁净无尘埃，茶器温润无贼光；看杯中峰峦叠翠，听耳畔山风浩荡。这便是最良的辰、最吉的日，也是最好的清供。

那一只只师法自然的茶盏、茶杯与碗，既可品茗，也能饮酒。既可日用，也能珍藏。刘法星的故乡丽水松阳——有卯山、大木山、双童山，产卯山仙茶、银猴、玉峰，鲜碧的叶子藏于山谷深处，藏在"云深不知处"。

独山是松阳城里唯一的山，远归的游子一旦看见它，便是回了家。松古盆地之上，松阴溪一脉穿城，水绿如蓝，它就是王维诗中的"清江"。那个叫"山·醮"的茶酒空间四面环水，可观云，可远望独山。白日饮茶，夜里对酌。同一空间，腾转挪移，合二为一。茶品有三，酒品不详。茶有山兰、山香和山红三种。其中，山兰为白茶，汤色黄亮，口感淡雅，平淡持久；山香为绿茶，汤若五谷之甘醇，山民常自饮之；山红为红茶，汤色鲜亮，似有草木花香。

刘法星希望秘色瓷能走出典籍史料，走进寻常百姓家，当茶盏、花器用，做日常陈设观赏用，也能在"山·醮"里供茶客品茗赏玩。器物不仅是茶空间中的陈设品，更是口唇与手的触碰物，触感要细而润，上手摩挲时不感到棘或绊。那独特的秘色及花瓣造型，就像来自一个空灵世界。那个世界里的人，闲时松花酿酒，忙时春水煎茶，喝一口茶，看一眼云。山中一日，世上千年。秘瓷之色，实为山林之色、湖水之色、自然之色。想要获此色，似易实难。无数匠人于山水湖畔之中殚精竭虑也未必能得，即使得了，也总差了那么一点意思。

刘法星以自然为灵感，以大地为原料，不断试写新的釉料配方，以期接近那座真正的秘色宫殿。五代的盘子、唐宋的茶盏、上林湖畔的碎瓷片，他于残缺中寻求完美，在截面里发现真相。他就像一名心不在焉又踌躇满志的漫步者，不断寻找通往秘色王国的林间小径——它们荒废已久，又历久弥新，一切都让他感到有趣。

在松阳，像刘法星这样的陶瓷匠人并不多。这块土地，自古以来，多的是茶人。他们自己采茶、做茶，无事时相约一起喝茶，或以茶叶做菜、酿酒。在松阳，有个叫吴美俊的茶人，她采撷、收集高山上的古茶树叶，在自家后院的工作室里，手工揉捻、发酵、干燥。每次做茶期间，有邻人路过其家，总能闻到一股神秘幽香。他们不相信普通的茶叶能散发出如此幽香，总以为是茉莉、桂花或栀子的气味。吴美俊总是说，要顺着茶叶的性子来做茶，香味自然就出来了。经反复实践，她终于研制出属于自己的"仙芽"与"甘露"，其中有一款"宝珀玉露"，由松阳高山野茶发酵而成，色似琥珀而镶金边，清亮通透，口感醇厚，有草木之清香。

如果将此琥珀色茶汤盛于莲花形秘色瓷盏之中，大概与古诗中所说的"玉碗盛来琥珀光"非常接近了。茶叶鲜叶经杀青、揉捻、干燥等步骤后，于沸水中重新绽放。它活了过来，叶脉依稀、似隐若现，宛如春天山林的模样于茶汤中再度浮现。

刘法星所制的秘色瓷盏恰似一朵朵花，叶与花俱为自然的面相，也隐藏着自然的密码。作为松阳人，刘法星喜喝本地土茶，拉坯、施釉之余，喝茶是他唯一的消遣，也是一天中最为惬意之时，万事万物都在脑海里自动遇合，或聚或散，无须理会。伴着茶汤写下的配方，宛如骤现的灵感。

与诗人、艺术家对灵感的处置方式相同，手艺人的想法也需经过时间与火焰的双重检验，或许是更为苛刻的检验。晚唐、五代时的秘色瓷被工匠们小心翼翼、殚精竭虑地烧制出来，稍有瑕疵，便被悉数毁弃。上林湖畔堆积如山的瓷片废墟便是明证。一千多年了，五彩碎瓷还铺满整条河床，那些明亮的锐角仍在持续不断地反射秘色之光。

事物的意义从来都是因破碎而彰显。真正的秘色瓷，那种流传于9—11世纪的器物，其实很难被完全复制。天空、土壤、空气，都已不复当年，古老的河流也不可能流到今日的河床之上。

对于青瓷，我们总可以说出它的颜色——什么天青、豆青、粉青或梅子青，不过是表面施有青色釉的瓷器；只有焙烧不当时，才会烧出黄色或黄褐色。但秘色瓷不同，人们很难说出它的真正颜色：秘色，还是蜜色？抑或是蜜草色？蜜草大概就是甘草吧，李时珍在《本草纲目》里说它呈鲜绿或淡绿色。

刘法星认为秘色瓷是青灰色调，那是青色大于灰色，还是相反？如今，那些制作秘色瓷的人早已将21世纪的气候、天色、心情都烧了进去，秘色瓷也染上了今日之色。尽管法门寺地宫的"无中生水"可以得到复制，但属于唐朝的明澈与清亮感，早已一去不复返；这世上尽管也有"做旧"这种工艺，但人们无法把古老的时间像金箔一样贴在器物表面。

这几日，院子里的荷花开了，闻着有股木头的清香，很像古老寺院里散发出的气味。我想起刘法星的莲花盏，也想起若干年前的夏天。此前，我一直琢磨着，何为秘色之光，此刻闻着荷花的气味，似乎有了模糊的答案。

很多年前，我去苏州博物馆，看到秘色瓷莲花碗，也只是看看，并没往心里去。

那时，我还不认识它，也没有留意"秘色"二字。如今再次想起，似乎有一种气息隔着几年前的玻璃展柜，准确无误地击中了我。书上有说，我们所看到的星光可能是几万年之前的光——我不知这话想要表达什么，但莫名地被那种语气感动。

在广阔、无垠的时空里，有些东西因承载了世上一切美好之物而变得轻盈，它们会传播得很远，比我们想象中远。

秋日的茶宴

松 三

一

在深秋的山林道上行车，阳光弥漫。10月后，日子越来越像金子。

我们正在前往一个叫松庄的村子。我们胡乱猜测，在很久很久以前，松阳是否遍植古松——松在松阳是异常常见的名字，县名松阳，溪名松阴，如今还有个松庄。但漫山遍野，倒不是松多，而是茶多。

在蜿蜒的山道上攀爬了好一会儿，通过摇下来的车窗，仍然可见从山脚向山顶漫涌的茶园，如同我们前一日在县城附近见过的大木山茶园。我很喜欢修剪整齐的茶园，一圈一圈，毛茸茸的，如同绿色的海浪，向高处涌去，继而停住了，成为一种奇特的立体的永恒的绿色的海。浪纹之间，偶有人影漂浮，那是在打理茶园的人。

在一个山顶停下来。下车处，有一个用仿真茅草搭建的茶亭。也许是地势较高，茅草上沾着还来不及消失的露水——或许是我的错觉。茶亭旁是从脚下向山底涌下去的茶园。十月后，秋茶进入尾声，茶园之中人烟渺渺，寂静无声，偶有山雀在天空掠起，茶树扎根土地，似在自行休养生息。我在茶园中站了一会儿，似乎听到了茶树轻微的吐纳声。

木沐笑，也许那是你自己的呼吸声。如果我们能像一棵树那样呼吸，倒也是不错的事。

木沐说，此次从杭州来，她带了四种茶，荒野白茶、肉桂岩茶、金骏眉、普洱茶。木沐是我结识了好几年的年长的朋友，生性豁达开朗。她几年前开始学喝茶，从此到哪儿都将一套小小的茶具带在手边。今年夏季时，我们在云南建水，一停下来，她便打开茶具泡茶、喝茶。遇上当地的茶，便尝尝当地的茶。没遇上，就喝自己带的茶。此前，我也认识几位喝茶的人，总觉得茶是一旦遇上，便可永久陪伴自身的事物。

我们到松庄去，是想随处看看，也是想找个惬意舒适的地方喝茶。这样郑重其事而刻意为之的茶之旅，我们是第一次，可能会有些好玩，大家都觉得兴奋。出发前大家碰头，各自出主意寻找喝茶的好去处——茶山高处的茶亭、古村落、松阴溪水旁、古寺院的古树下，也许就地一茶席，人在天地间，这样想，便各自舒了一口气，只觉随意舒畅，在哪里喝茶仿佛都不重要了。况且，松阳山野遍布，茶山密布，哪里容不下喝茶的人。

这样一舒畅，临去松庄的那天早晨，才发现我们忘带了储水的热水瓶。发现的时候，木沐正在和我们讲述学茶时，茶艺老师教导注水要稳。我们沿着松阴溪，找到一家显得有些破旧的小卖部，花了二十元，买了一个泛着青玉色的热水瓶。老板说，少见你们这样来买热水瓶的外地人，喝茶吧？

松庄是个古老的村落。通向它的路途中，还有同样古老的杨家堂村。

古老的村落，多看几处景致便知道。在青苔厚覆的村落小径上，城里的人往往会滑上一跤。倾圮了的墙体，露出屋子里的梁柱。阳光从突然打开的坍塌处落到地面，从此那里年年都会长出翠色逼人的荒草。还有长出茸茸细草的鱼鳞瓦背，有一种沉着古旧的气质，那是时间一层又一层流过后留下的痕迹。

像这样的古村落，在松阳据说有上百个。可见松阳人历来住在山间的多，吹着山野的风，喝着山泉的水。近年，来松阳看古村落的人越来越多，他们大多在山野间走走停停。古村落的吸引力，我想也许还在于时间的迷人。那些写满了岁月的夯土墙上，那些从石缝中流泻出来的碎草，时间在这里绵长，在这里逝去，新的生命又重新从屋子的角角落落挤出来。万物的消亡与生长在这里并进，这也是一种美。

到达松庄时，同行的草白说，想买些黄豆磨豆浆。在路上，我们见到茶田旁种的黄豆株已金黄，丰收的季节到了。我们路过一扇小门，看见这屋子深处有方天井，阳光落下来，把那里照得如同时光的另一端，时光深处有金色的植物半躺在地上，是收割下来的黄豆。一位打着两条麻花辫的老奶奶站在阳光底下。她的麻花辫真白，白得发光，她站在那里，显得如此轻盈，像一位童话里的老奶奶。

童话老奶奶八十五岁了，走近了，我们才发现她的背佝偻如盖着一只大碗。她的老伴对我们的交谈声充耳不闻，自顾自在天井下方锯木头。她家里仍用土灶，漆黑的土灶，漆

黑的锅，但可以烧出山野的厚重与踏实。

草白和童话老奶奶要了六斤黄豆。

我问："你们有茶吗？"

她很快从湮没在黑暗的正厅一角的方桌上摸出一只大可乐瓶，说是自家的老茶树的茶。她拧开瓶口，凑到我鼻子前，很香，是植物、焙火、阳光混合在一起的味道。茶叶有些碎，她有些羞赧，觉得不太好看，是她和老头子一起炒的。老头子耳背，我说，那你们怎么说话。她摆摆手，那就不说话。

草白又要了六两茶。

从小门出来，木沐已在村庄中心的一方桌子上摆好了茶席。她在不久前和朋友来松庄小住，四处都逛过，现闲坐以待，备茶待客——我们便是她的客人。

一条清溪从村庄中间流过，木沐铺开茶席的位置，恰是溪水边高处的平台。

我和背上了六斤黄豆的草白在溪水的另一侧慢慢走，这一侧的路很低，就在水边。水中小鱼有着一道一道黑色的纹路，是石斑鱼。我们遇见许多和我们一样的人，他们在看一弯小石桥。

木沐在高处朝我们挥手，她的背后，是一片蓝。那座桥上也是。桥是唯一可以跨过天空的事物——这是我的胡说。

那其实是一座很短的桥，目测不过五米，但它弯得如同月牙儿一样。桥拱在下方围成一个圈。听说这是村中的网红桥。我不知道这座桥多少岁了，也不知道有多少人会去询问一句。我和草白与大多数人一样，只慢慢走过去——我们笑说，就这样，在我们相识的某一个时间，我们一起走过一座短短但美如月牙的桥。

木沐的茶席是蓝色的粗布，公道杯是玻璃的。我们绕了一圈回来，她已将四只白瓷小杯烫好，依次摆在茶席上。木沐说，我们今天先喝金骏眉。我想了想，还是从自己的布袋中掏出那只莲花小杯。

这只杯子，是此前来松阳时，一位当地的瓷人送的。确切地说，是一对父女送的。父亲爱瓷，一生为瓷倾其所有，女儿成全父亲，全力帮扶。我去过他们的工作室，在松阳县城的一个郊外，去的那天，和他们一起等待开窑。开窑前大家坐在一起喝茶，是女儿亲手炒的茶，自家的茶园，自家的手艺，偶然间炒制出了带着兰花香的松阳红茶。

烧瓷也有一定的偶然性。窑门开启，我们看见几十只杯杯盏盏莹润如玉。特别是两柄雕花的如意，发着莹莹的光。父亲的脸舒展开来，女儿说，看我爸爸的脸，就知道这窑不错啊！

这样的莹润如玉，来自历史深处的秘色瓷。秘色瓷产于晚唐、五代时期，秘色意为如冰、似玉的釉色。父亲当年正是为这样的美所震撼、所沉迷，借用《牡丹亭》里那句名言，是"情不知所起，一往而深"。

那一窑中，他们取其中一只莲花杯相赠。我不知该如何形容它的美，只常将它放在书桌前把玩、观赏。我在家中很少喝茶，只觉可惜。这次出行，早早记着要将它带向山野。想起和它同一窑的其他杯盏，有部分据说不完美的，他们会用榔头击碎。在一次又一次接近完美的过程中，父亲敲碎了全部身家，债台高筑。这样看，完美始终是件接近残忍的事，但见父女俩举杯相笑，便觉他们已来到完美的面前。

杯中茶置于阳光下，变成金黄的透明。这盏莲花杯，杯中两种颜色相隔，比素杯丰富一些。我们面向山溪并排而坐。木沐执杯添茶。茶汤温厚，我喝着茶，见底下成群的石斑鱼在浅浅的溪水中游动。这样生活在浅水中的鱼，一定见惯了人。

木沐是我们之中最年长的人，退休几年，却显得最年轻。她喜爱旅行，和先生大半生来走过世界上许多地方，也遇见过许多人，好像什么事什么人都见惯了。而我年纪最小，感叹最多，对什么事什么人都易生出执念。我说，难得。木沐答，下次再来。我想起日本茶道中的一期一会，愈觉相聚是件难得的事。

于是便写下，在松庄喝茶，是难得的事。

想起苦苦追寻秘色瓷的那对父女，觉得手中的小盏更显珍贵。

木沐在晚夏时，来过一次松庄。喝完茶，她说，要带我们去看她上一次住过的地方。

我们跟随她，从村子中心慢慢走向外围，沿着石阶路渐渐走出村庄，走过狭窄的梯田，又走入竹林深处。原来，还有人家散落在那样幽僻的角落。如今这些散落在外的屋子被一家叫作桃野的民宿收集起来，改造成一幢一幢的民宿，屋子仍是夯土墙，但气质已焕然一新。

木沐带我们爬到最高处的一幢，穿过篱笆小门，我们走进一个小院落，木沐说，上一次，她和朋友就在这里喝茶到深夜。院落外，竹林茂密的碎影子洒下来，林中风声涌动，除了静听松风，竹林听风也是很诗意的。

松阳就是这样好，处处都是茶，处处也都适合喝茶。其他地方的人，说起生活，是一蔬一饭，松阳人说起生活，可说一蔬一饭无尽茶。突然想起来，上一次，我遇到一个远在非洲做红木生意的松阳姑娘，说在非洲闲暇时，多数时间也用来喝茶。

我们走下山来，商量着，吃面去吧。

松庄真小，只有一家面馆，叫作老太太面馆。老板的确是个老太太。老太太把方桌搁在窄窄的院子里，院子外就是山溪。这面馆，也是老太太的家。她让我们在院子里等一等，便通过正厅走向后头的厨房忙活去了。院落砌了一小段矮墙，上头搁着兰花。我在村庄里走了一圈，见到家家户户皆爱养兰。

松庄也有古树，红豆杉居多，长在溪水边，枝丫伸向老宅子的屋瓦。深秋时，像羽毛一样的叶子会落在溪面上，随流水去向远方。松庄也多有老人，他们白发、伛偻、脚步蹒跚，比起大树，他们并不古老，比起我们，他们很古老。离开的时候，见到他们排排坐在村口的大树下，卖茶叶、柿饼、桃胶。金色的阳光把他们照得半透明，他们在松庄。

二

和觉恒师傅约在下午三点。

我和觉恒师傅其实素未谋面，是当地友人介绍的。友人说，松阳在修复一座古寺，由杭州灵隐来的觉恒师傅在此主持。

寺庙叫崇觉寺，为宋代江南古刹之一。寺中有两株八百多年的罗汉松，宋时建寺时，由当时的灵隐相赠，千里迢迢送至松阳。几百年过去了，崇觉和灵隐的因缘重续。两株罗汉松经过几百年的风霜雨雪，每年满树罗汉小果垂坠，仿佛在时间的长河里仍处壮年，悄然等待两座古刹的重逢。

友人说，你也从杭州来，应当去看看。

崇觉寺位于松阳板桥畲族乡桐榔村。桐榔村旧称桐川，因曾遍植油桐而得名。崇觉寺似藏在桐榔村的深处，我们一路行来，从国道拐上乡村小道，道路逶迤，山林或密布或疏朗，并不见庙宇巍峨的屋檐。

快到目的地时，我们在村落的羊肠小道上七拐八拐，在一片稻田边，水泥小路开到尽头，只能下车来。已是深秋，农人已将稻谷收割完，仅剩寥寥稻草码成小垛，堆放在原处。

一条碎石路从靠山一侧的田埂沿着山体蜿蜒向前。林木高耸，山并不高。走在碎石路上时，金色斑驳，秋日的阳光仿佛可以穿透时间和空间。我们猜测，崇觉寺大约在这条路的尽头，或许是掩藏在路尽头山体的另一侧。我们现在所能望见的，是一株高大的、红了些许的大树。

是枫香。走近了才发现，几株枫香沿着山顶这块小平地的边缘而植，都有些年头了。高大的枫香枝叶将山与外围隔绝。枫香树下，"四大天王"的塑像并排而立，脸上蒙着红绸。并未见到想象中的庄严庙宇，只有走来走去的工人。高处一幢白色的屋子站在阳光下显得轻盈而洁净，但看起来人去楼空。地处一方青砖墙影影绰绰。侧边仿佛是有一照壁，照壁前，便是那两株八百年的罗汉松。

照壁似乎是特地围起来保护罗汉松的。地上有些凌乱，我们就在这样的凌乱中默默在罗汉松树下站了一会儿。它们八百多岁，什么凌乱、繁盛没见过哪？我凑近了看，并未见到传说中的罗汉小果。

木沐也站在树下，我们猜测，它们当年是如何从灵隐来到这里的。是由师傅们背着来的吗？想起一张照片，一位三峡移民用背篓背上了他院子里的桃树。

一张崇觉寺的鸟瞰图立在一株枫香树下，原来，崇觉寺是在重建。看鸟瞰图上层层递进的庙宇，只能依靠想象。蒙上了红绸的"四大天王"，暂时从庙宇中迁居枫香树下。

工人指路，觉恒师傅住在山下，偶尔上山来。

我们又踏着碎石路下山而去。

见到觉恒师傅时，已近下午四时。

他和其他师傅住在村庄深处的几幢白色建筑内，建筑是新修的，作为崇觉寺的临时办公处。觉恒师傅在门口相迎，请我们在后一幢建筑的长桌边小坐。他还在前厅的桌前和几位客人开会，听到他们提及尺寸、设计，应是寺院的设计或建设团队。

一个阿姨在厨房中洗洗擦擦，我们面前的长桌，是给寺院的师傅们用餐的。餐厅一侧是个法场，有佛像，地上摆着蒲团，当为早课晚课所用。屋子外，是一个干净的四四方方的院子。院子挨着抬高的山地，山地一级一级，种着茶。已是深秋，茶山寂静。阿姨沿着院落与山地的交界处种了些蔬果，我们见到几只水壶大的冬瓜睡在草丛中。

觉恒师傅忙完了，请我们去前厅喝茶。前厅是一整幢屋子的一楼，从左通向右，一览无余，只在某处设了一张茶桌，似一汪碧湖上的一叶扁舟。一位眉目清朗的年轻师傅为我们泡茶。

我问觉恒师傅：罗汉松的果子好像还未结。

觉恒师傅说：罗汉松的果子已在过去的一月成熟，也就是九月。

我们替自己惋惜，听说罗汉松的果子成熟时呈暗红色，或亮红色、橙红色，就像僧人的红色袈裟。

我又问：八百年前，它们是师傅们背过来的吗？

觉恒师傅笑，大约觉得我问了个傻问题。他说：那时候，大约走的是水路吧。

那时候，两株罗汉松大约多高呢？一人高，或者半人高？不知道这样珍贵的相赠的事物在启程前会不会有什么仪式？疑问很多，但都是无关紧要的，我好奇心太重，但不好意思再问。

我又问觉恒师傅：崇觉寺的松阳罗汉茶，是否就是加了这两株罗汉松果子的茶？

觉恒师傅赶紧摆摆手，说，罗汉茶是取意，而非取形。

知道松阳罗汉茶，是在今年夏季，在松阴溪的一家陆和茶书院里，我们见到一套深蓝色，包装得像古书一样的茶叶礼盒，上头写着"松阳罗汉茶"。这是一种介于红茶与绿茶之间的半发酵的茶。

年轻的师傅替我们斟了一杯茶，是去年松阳罗汉茶中的"山红"，觉恒师傅说，口感略有丢失，但还是不错的。茶汤为蜂蜜色，喝入口中清润温厚。我不懂茶，但也喝得出，它比红茶"薄"，比绿茶"厚"，或者说，比红茶淡，但比绿茶浓。用揉捻做法，形极严，近乎佛髻。

觉恒师傅总结：似红非红，似绿非绿。像是对于"我执"的一种破解。这是我的理解。

崇觉罗汉茶除了山红，还有另两款，叫山香与山岚。都是很美的名字，令人想起今天路途上松阳起伏的茶山。

我问觉恒师傅：为什么会特地做一款罗汉茶。

说起来才知道，罗汉茶的命名，几经周折，出自灵隐住持光泉师傅。

松阳遍地植茶，足有十五万亩。浙南最大的茶叶交易市场坐落于此，松阳茶多，却以香茶统称，其实品质参差不齐。

我来松阳两次，深入人家，多喝他们自家炒制的老树茶，有绿茶，有红茶，都极好。还有两家餐馆的主人，一家用院子里老茶树的嫩芽蒸鱼，一家用山野中修剪下的老茶树枝熏制火腿。生长在密林山野中的老茶树，仿佛收集了云雾雨露、风吹鸟鸣，它们在松阳人的生活中尽情释放出旷野的风味。

觉恒师傅来此两年。在杭州灵隐时，他最爱沁人心脾的龙井清香。那时候，行走在天竺路一带的茶园，似是行走在如画的风景中。来到桐榔村，交通诸多不便，四周山野起伏，觉恒师傅花了不少时间来适应。

丽水一带，其实佛教氛围并不浓，盛行的反而是西方的基督教。道教的遗留也有一些，多是做法事时所用。觉恒师傅看过一些，也不大能理解。不过，说起宗教和茶的关系，他知道当地历史上有个传奇道士，叫叶法善。听说叶法善善制茶，成品称为卯山仙茶，进贡给唐代宫廷，"竹叶形，深绿色，茶水色清，味醇"。听起来是绿茶。

在灵隐时，觉恒师傅常被茂密丛林中的鸟鸣叫醒，到了松阳，倒是常被茶农的脚步声叫醒。茶农是很辛苦的。有时候天未亮，他们便赶着出发采茶。松阳山多，有时候茶山陡峭，上一趟山要一个小时。午间便不回来了，带一个粽子或者一点便当当午饭，草草打发肚子。

这些，都是觉恒师傅来桐槺村后看在眼里的。他是个对数字敏感的僧人，给我们对比杭州松阳两地茶的差价。茶农所获取的利润非常微薄。以一款好茶惠及当地百姓是他开发罗汉茶的初衷。

觉恒师傅现在当然改喝罗汉茶，轻微发酵的罗汉茶香浓、味清，关键是不伤胃。我们笑，等到崇觉寺重建好，也许觉恒师傅会沉迷于另一种茶。

"为何不能称作禅茶？"

"起初，有人这样建议。"

但在僧人的眼中，禅茶具有严格的界定。一是喝茶的地点要在寺院中，二是泡茶的人是僧人，三是当下的茶会对人有所启发。

厅堂空旷，我们的闲聊声回荡开来。平常人很少有在寺中与僧人喝茶的经验。如果有，多来自书画中。我记得金农有一张题为《僧敲月下门》的小画，很有诗意，画里面，月下的寺院围墙被画成了少见的粉色。

临时的寺院办公点当然没有粉色、红色或黄色的院墙，但师傅们怡然自得，替我们泡茶的年轻师傅在替我们斟茶的间隙悠然地抓了一把瓜子。

我想起几年前认识的几位僧人，他们在湖州一座竹林中的小庙中修行。结识他们时正是春天，年长的师傅日日上到山尖上采老树茶，带回山下自己翻炒、揉捻。闲时爱养兰花，一院落的兰花，常被居士讨要几盆带走。年纪小的师傅，大约比我还小吧，面容喜悦，但话少，我不懂他为何选择了不同的路。想着，竟对着年轻的师傅问出了口：

"为什么出家？"

他嘿嘿笑，沉默不语。

觉恒师傅道："有什么不好说？"他说，一个人出家，无非是两种原因，一是追随这样的路，二是受尘世的打击逃避到这条路。但无论如何，选择这样一条路，都要遵循它的戒律、原则，一直走下去。

天色渐晚，几只蝇虫循着茶香而来，觉恒师傅轻轻挥手：

"我们的小茶宠来了。"

觉恒师傅言辞幽默，言语利落却不失柔和，他说罗汉茶虽不是禅茶，但意在传达禅机中"放下"的含义，就像这一刻，飞来的蝇虫，虽然讨厌，但也要冲破它围绕在周边的挂碍。

我们笑起来，这一刻，杯中茶当是禅茶了吧！

三

不知为什么，两次来陆和茶书院喝茶，两次都在夜晚。

陆和茶书院是个环形的空间，位于松阴溪上。从地图上看，这里也叫独山驿站，是松阴溪景区的一个栖停点。

独山就在不远处，是松阳县城内唯一一座山，它其实很小，形似蟾蜍，据说在县城的每一个方向，都能见到独山。独山令我想起杭州的孤山。但孤山不孤，独山确实是独自一山坐于此。

茶书院的夜晚，亮光聊胜于无，我们好多次走错路，几个人对着漆黑的夜迷迷瞪瞪不知该走向何处，每一步都似一次试探。和白日相比，夜晚的世界变得无限大。夏季来时，蝉鸣极盛，深秋一来，夜似乎悄寂了些，凉意从眼眶渗进来，仿佛要将夜的露珠滴入身体。我们感叹，秋的夜晚真是令人着迷。

睁大了眼睛寻找夜中的小路，似乎有高高的芒草影子，像一张铺开的版画。画面外，松阴溪在夜色中比夜还黑。白日时，我们沿着它寻找崇觉寺的踪迹，它还有着近乎碧色的绿。我们在一座桥上停下来，看松阴溪的绿沿着两岸一直蔓延到山顶。江南的秋离萧瑟十分远，我很想邀请北方的友人过来看一看。

那座桥很长，横跨松阴溪。我们站在桥边，溪上秋风涌动如水波。旁边树的枝叶被吹得摇曳不定，我想，松阴溪也许把我们也当作树了吧。可惜我们的身高有限，不能张牙舞爪，也不能摇曳生姿，我们只能把脸高高仰起，感受水送来的风。

溪水边，有钓鱼的人盯着我们，也许是担心我们吓跑了他们的鱼。我们的惊讶的确令人惶恐——松阴溪边钓鱼的人有着一种近乎可爱的"贪婪"，他们一人用五根钓竿，人只坐在树荫底下等待，如此随性豁达而不拘小节。

如今，风吹到书院这里的松阴溪，也已落入了夜中，变成轻微的、和煦的，就像书院蜿蜒的长廊。头顶有星光，不远处，一座亭子轮廓亮着浮在半空，那是独山顶的亭子。

陆俊敏在茶书院等待我们。

夜晚来临，茶书院的茶艺师都已归家，书院中的另一个吧台流动着光圈。陆俊敏很有意思，他的茶书院到了夜幕低垂后，就换作酒馆。

我要了一杯粉色鸡尾酒，其他人要了红茶，一种金色茶汤的红茶。我尝了一口我的粉色鸡尾酒，甜甜的，令人有微醺之感。其他人喝茶，面容放松，但保持机警，像在另一个时空中。

茶与酒是那么不同的东西。陆俊敏和我们讲起《茶酒论》，这是一篇在敦煌莫高窟遗迹中发现的文献。文章中，茶与酒针锋相对，攻击彼短，试图证明自己胜过对方。

比如茶说："诸人莫闹，听说些些，百草之首，万木之花。贵之取蕊，重之摘芽。呼之名草，号之作茶。"

而酒说："可笑词说。自古至今，茶贱酒贵。单醪投河，三军告醉。君王饮之，叫呼万岁，群臣饮之，赐卿无畏。"

最后水出面劝解："茶不得水，作何相貌。酒不得水，作甚形容。"

不知道为什么，我突然觉得，茶与酒，就是陆俊敏本人的两面。

陆俊敏是松阳本地人，学业有成后，在杭州工作、定居。他原本与茶的关系，是走出了松阳这座茶城，背后留在原地的是拥有一手好手艺的父亲。陆俊敏在杭州时，工作之余，喜爱和朋友去曙光路一带，那一带酒吧多，年轻人把酒言欢，畅饮到夜半。

年纪渐长，倒慢慢开始喝茶了。不必问一个松阳人什么时候接触茶。这如何回答？反正，茶又将陆俊敏牵引回来了。起先，他只是尝试做一些好茶与朋友共饮，就和当年饮酒一样。茶、酒都是人际交往的介质，如《茶酒论》的水所言，两者很不同，但两者又并无不同。

试图做好茶时，陆俊敏开始慢慢了解松阳的村庄。那时候，松阳的很多古村落都渐渐凋敝。村民搬迁，所剩无几的老人踩着风一样轻巧的脚步游走在村落中。青苔像流动的时间那样，快速蔓延至无人踏足的角落。

陆俊敏走了几十个村落。村落中人烟稀少，但茶仍然在。他发现，在松阳的古村落，茶树与村落是一体的。后来经过调查，他才知道，那一批老茶树，是20世纪六七十年代种下的老品种。老品种的种植很不一样，它用种子，而不是用嫩苗。多种在高山上，喜欢疏松、湿润，但不会积水的土壤，根部多扎进土壤三至五米。这是陆俊敏的调查发现。

老茶树林许多都荒芜了，我也曾去一片这样的茶树林看过，一株茶树有两人高，比起平地上修剪得齐齐整整的茶树，山中老茶树如同一个个修士隐藏在密林间。鸟儿用不经

意的调子唱着歌。遇到搭着小鸟巢的茶树，陆俊敏通常会叮嘱采茶工随它去。

他说，鸟类、虫、土壤、野草，甚至树荫、风、云雾，都是茶的一部分，或者正是种种因素，影响着每一株茶树产生不同的风味。许多偶然相遇，然后激发出最美的味道。这就要求茶园的生态要有多样性。

做了茶，渐渐了解自己长大的地方，了解乡村。乡村的没落令人伤感。

陆俊敏有一片茶园，位于一个极偏僻的古村落，平常，卖猪肉的小贩个把月去一次。老树茶园经过重新采摘、修整后，陆俊敏发现，那小贩去得倒比他还勤。特别是在采茶季，每天傍晚五时，陆俊敏去收茶，小贩早已把肉一块块摊开，采茶工从陆俊敏手上拿到茶叶钱，走到另一个摊子拎一刀肉回家。

采茶工是当地的村民，其中最老的一位奶奶有八十四岁了。这片茶园刚开采的时候，她八十岁。她住在更高的山腰上，天不亮就起床，需要走一个小时到山下来采茶。陆俊敏起先有些担心，但他又觉得，老人家似乎开心了不少，那种重新迸发的生命力，即使微弱，也是来自生命深处的尊严。

我想起松庄那些卖茶叶、柿饼和桃胶的老人，一位老太太告诉我，桃胶是她自己上树采的。

夜已深了，我们告别而去。

出门时，陆俊敏特地领着我们看了会儿不远处的独山。山顶的亭子还亮着，照得天边的云浮现出来。中秋时，一轮圆月刚好悬在亭子一侧。是个好地方。也许，明早可以上独山的亭子中，喝个茶。

喝什么茶呢？

喝个荒野白茶吧。

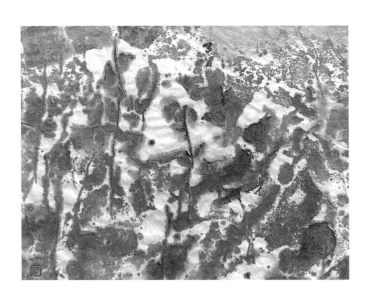

古市茶事

黄春爱

叶氏与下街茶

2021年，我请教住在下街的年逾九十高龄的叶德生老人，以及一位在下街水碓弄定居了几十年的九十六岁的周姓老人，我问他们：下街茶在哪里？

叶德生将我带到下街城门外的一小块菜园，指着几棵长得比较粗壮的茶树："就剩下这么几棵了。"彼时正是中秋，不是茶叶的应采季节，所以园子里杂草丛生。一个知名的茶叶品种竟出生于此，让人有些吃惊。

周姓老人的菜园正好在叶德生家门前，听说我要找另外的下街茶，他答应带我去找下街茶所在的菜园。"茶叶是没有了的。"周姓老人挑着刚给菜园里的菜浇过水的空荡荡的水桶，带着我从下街的背侧穿过去。"几十天没下雨了，菜不浇水要被晒死的。"周姓老人一边与我说话，一边指着一片高高的围墙，说这里面就是菜园。菜园围墙的墙基码得很高，显然是为了防洪水，墙上爬着中华常春藤，一条爬出墙头的南瓜藤居然爬到一人之隔的对外墙上。内里的情景一丁点儿都瞧不到："这是叶家人的菜园。""叔公，另外一块菜园你也带我去看看呗。""那里也没有茶叶了。""没关系，就看它在哪里。"

第二个菜园位于纸厂弄，菜园门毗邻纸厂弄七号，毗邻处的围墙倒塌后被重新砌了半人高的卵石上去，借助这个角度，我得以观察到园子里的情形，里面全都种上了椪柑，地上有稀疏的草以及一棵爬在地上的南瓜藤。

这三个曾种有茶叶并被命名为下街茶的菜园都曾是叶家的。

叶家之于古市是个什么样的存在呢？从时间的纵轴上看，松阳于199年建县，当时县治所在地即在古市。叶氏，相当于一棵在晋代种下的树，从空间的横宇来看，叶氏在松阳已然枝繁叶茂，遍布乡村的叶氏宗祠就有八九十座，并仍在下街及大井头两个地理空间上聚族而居。始祖叶俭的五十五世孙拔贡生叶孝先在《古市志略》中提道：吾族在古市雍、乾以前派别颇多，如城头、下街，均有叶姓，下街叶祠在萧衕，城头叶祠在金衕街上。其族颇繁，属于何派，已不可稽，今则式微已甚，非独祠废而丁口亦只一二人。现在吾族在市，只有修己、修睦两派，修睦派聚族大井头，修己派世居塘岸即吾族也。

叶氏在古市属于妥妥的望族，邑中盛传"叶家的顶、张家的屋、洪家的谷、詹家芋配粥"这样关于姓氏的阶层定位，意谓叶氏中入仕为官的不少。嘉靖戊戌年（1538），青田人陈子建曾作文：永宁观左有皂角树一株，生以连理。相传真人时植。年不妄生，皂角生则叶氏之族必有人出仕。古于其树下立有瑞应坊，匾曰"瑞应"。其地至今名瑞应里。

瑞应之事不管真假，下街的书香人家确实不少，现在保留下来的精美的建筑，大多为叶氏所建。周氏老人带我去的第一个围墙内的茶园就是被下街叶氏称为"小南太公"的叶佐清家的。叶佐清这支所在的塘岸支系，算得上书香世家，我粗略统计了一下，塘岸家祠始祖位育公三兄弟，三人皆入泮、入贡、入监，塘岸二代九个男丁中有八人为庠生、国学生、贡生等，塘岸三代十七个男丁中受过县学以上教育的有十四人，塘岸四代四十一丁中也有十九人有秀才以上功名。叶佐清就是塘岸四代的杰出代表，仅从塘岸支系的呈现来看，叶佐清上三代皆为士人，他的后三代亦为士人。

清、民国时的茶树，并不像现在遍山皆是，遍野皆是，尤其在这些士人家族中。他们在菜园一隅种下少量的茶树，清明过后，谷雨以前，即使平常没有料理，但吸足了菜园土壤养分的茶树也非常茁壮了，这些茶树一年只采摘一次。长工将采摘下来的茶叶进行杀青、揉捻、晾晒、再揉捻，最后进行烚茶，制作好的茶叶带着浓浓的香味被装入锡罐中。

士人家中的茶就是文学交流和朋友往来最好的介质。士人的朋友圈大多是士人，他们的通婚圈子也在士人之间，这个在族谱中都有所反映。彼时交通不便，陆路大多靠步行，水路船只的通达时长也不短，镇外的朋友来访，抵达家门时大多已经有些疲意有些渴意。将他们迎到上堂，坐在八仙椅上，然后家中仆婢端上新茶，浅茶满酒，诗句时事，满堂有余香。

叶佐清，号葵生，是个有勇有谋的学霸。咸丰年间太平天国运动爆发，他带领队伍在丽水、松阳一带布防。对面是身经百战的农民起义军，这边是临时拉起的队伍，若没有足够的谋略与胆识，很难全身而退。同治二年（1863），年仅三十余岁的叶佐清己身兼永康县教谕和武义县教谕，监造了永康县文庙，被记功三次。他所学既杂且博，深得地方文人青睐。解任时，士民赠饯行诗数百首，后由浙江学政吴存义题跋并辑成《潘江赠行集》。离开金华府之后，他继任於潜（今属临安）教谕，兵乱之后的文教和生产工作处于百废待兴的窗口期。叶佐清以一个读书人的眼界抓住了问题的主要方面，而这个问题，对于现在仍是通用的，他曾言："吾邑民智素浅，读者只知举业，耕者只知艺稻，并不知有所谓蚕桑之利者。实业不兴，何以足民，何以裕国，弃美利而不取良，可惜也。然振兴之责乃在吾辈，非乡农之咎。"他带领百姓植桑养蚕，为地方表率，并刊《蚕桑说略》。叶佐清的子孙中如叶忠莲是无锡荣氏纺织厂的保全部主任，终生致力于发展实业，民国期间镇上不少青年男女投奔于他。

下街茶实际就是菜园茶，何时出名已不得而知，彼时古市或叶氏交往的书生中，不少是饮过此茶的吧。遥想彼时的小南太公，一手执卷，一手执茶，茶香袅袅，沁人心脾。他眼界高远，并非迂腐书生，只是他未料到，百余年后的松阳，将茶叶也发展成让百姓富起来的实业了。

吃旧茶的周长信

古市的太保殿何时兴建，无从得知。

清乾隆二年（1737）时任松阳知县的江苏武进进士吴卓撰《古市太保庙碑》，其言道：松阳八都（即古市），旧有东岳庙，岁久荒废，好善者谋建殿宇，以答神贶，其前殿则崇祀太保焉。太保殿经历多次修葺扩建，至民国时，规模益为雄伟，然1942年，日军在太保殿浇泼汽油，放火焚烧，使之片瓦无存。

太保老爷是掌管阴间的至尊，阳间的人对他无比尊崇，不仅在他生日的时候抬着他出巡，每年元宵，还在殿内张灯摆祭，人来人往，热闹非凡。他的居所破旧了，就有人倡捐维修，人们的日子再艰难，也要确保这位至尊有所居。1946年秋，古市百姓在抗日战争结束后马上着手太保殿重建工作。

为了倡建太保殿，董事在酒店里设下请缘酒，请的客人有上百桌，来吃酒的人都要出钱。酒席上坐满了人，除了一桌没人坐，因为大家没胆坐，懂行的人都知道，那是主桌，坐在此桌的出钱要最多。主办方一直皱着眉头心里直发愁，上行头没人坐的话写缘就没法进行。此时，一个头戴坤帽，身穿青袖，提着鸟火笼的卖竹篮的内山路人走进门，四面看看，见只有上行头还空着，就一屁股坐了下来。一见是新处庄后村卖菜篮的周长信坐上去了，董事们心里更为焦急，暗忖道，这次写缘恐怕要被这个内山路人毁了。

众人吃酒，董事们则按照程序启动众筹。写缘簿第一个拿到上行头的周长信面前，一董事问道："老哥，你看你可以写多少缘？"

周长信慢悠悠地反问道："哪里要出钱最多的？"

"头门。"

"那就头门独造！"周长信补充道，"明天你让四个人来担。"次日，董事们半信半疑地叫了一帮人翻过重重大山，来到新处乡庄后村。周长信给大家端上茶，众人虽不全是懂茶之人，但也不是没喝过茶。此刻周长信递过来的茶全然没有茶香，茶汤也不浓厚。周长信见众人起疑，就如实相告：这些茶都是喝过一道之后因为舍不得扔掉，所以晒干了再拿来待客的。彼时大家只在田间地角种几棵茶树，而乡人又好客，来了客人总要泡茶，有的客人喝了一道茶就起身走了，周长信生性节俭，不愿意就这样舍弃，所以喝完新茶之后他就用旧茶来待客。

　　午饭的时候，他摆上饭桌的也是自家种的和山上采的菜。看到他穿得如此俭朴，吃的喝的亦是如此简单，大家对于他写缘的数目十分怀疑，想着八成是被这个"内山鬼"给戏弄了。过了一会儿，周长信将大家带到楼上，打开了第一个谷柜，里面全是洋钿，第二柜打开，里面全是铜角子。这些洋钿全是周长信卖了竹器后一个个存起来的。

　　作为最大的出资人，周长信只对董事们提出一个条件，从太保庙头门外起到三角坛这段街以后都归新处卖竹器的人摆放，不得收费。太保庙建成后，董事们就贴出布告，这段街只给新处人摆。新中国成立后，这段街一度被邑人称为篾街。

　　邑人多记得这条篾街，却少有人知道这个平时抠抠搜搜以旧茶待客的周长信了。

田间的糖霜细茶

　　我在古市街长大。

　　古市人很奇怪，非得称自己为古市镇人。我看过古市叶氏、潘氏、刘氏、徐氏等姓氏的宗谱，宗谱中皆有古市舆图，舆图中只粗粗地标着"三条街"，却不详加说明前街在何处、后街在何处。

问了镇里的老人，三条街指哪三条呢，有人说是前街、后街还有横街。但分明，从城头的城门进来就有城门街，继而是三角坛分别通往前街和后街的街，纵向的现在称为横街，有的宗谱中标明是大街。

古市街沿袭着逢一、逢六为行的集市，始于何时已无可考证，既然能形成集市，可见其具有区位优势、人口优势。我童年的记忆停留在80年代。每逢过行日，谢村、新处以及周边岗寺、樟溪等古市片的人就会源源不断地前来过行。这些人群中，有的挑着叠成一纵的竹篮，有的挑着叠成两列的簸箕，有的挑着竹节做的"水辊"，有的挑着两大摞的草纸，有的挑着劈好的松木柴，有的挑着活禽、猪崽，有的背着上百斤的杉木、竹子，从一个个发脉于山褶的村庄或平原的村庄里出发，他们的到来渐次点燃一个古镇晨曦的生机。

各式农产品、商品皆在"行"上交易，行上的商品类别丰富，古市街专门辟有各类"专业市场"：卖草纸的就在草纸弄的弄口（位于三角坛，一端在前街，一端在后街的巷弄），卖鸡崽和鸭鹅的在横街东侧、柿树弄的另一个出口，称为"鸡行"；横街东侧的下一个弄口则叫"烟行弄"，旧时烟行弄曾收购烟叶然后从程家埠头运往温州。

行日的时候，横街人满为患，水弄头更是水泄不通。卖东西的人坐或站在街两边的石板上，一拨拨的人停在各个摊位上。想买酥糖的，看了酥糖的色泽还要拈一点在舌尖尝尝，别着长烟筒的男人大多会停留在卖烟丝的摊子前，看到色泽深黄的，就会买上几包带走。茶叶，就混迹于这些农产品、农副产品之间。茶叶容易返潮，商家就将它们装在密封性能好的铁箱（俗称洋油箱）中，外面仅放一点，路过的人撮一小把放在鼻子下闻闻，谈妥了就买下一年自饮和待客所需的茶叶。

我家里装茶叶的是一个能装上两斤左右茶叶的中等的洋油箱，还有一个装过"如意晶"的盒子。每逢客人来，我就会拿出搪瓷杯，从如意晶盒子里抓出茶叶。如果盒子里的茶叶见底了，就会捧出装茶叶的洋油箱，用剪刀尖撬开箱盖，每次箱盖启开时，那些卷曲的暗绿的茶叶的香就会扑鼻而来。放茶叶时，生客的话我会问一下客人要浓茶还是淡茶，还会问要不要加糖，糖霜装在另一只如意晶的盒子里。如何给客人泡茶，估计是松阳的父母给孩子们上的一堂重要之课。

作为农家的娃，在具备一定劳动能力后必定会在农忙时被父母唤去做诸如拔草、割稻、拔秧、晒谷等农事。农忙时大抵在夏日炎炎、蝉鸣阵阵之时，我和弟弟极不情愿地盖了一顶斗笠，脖子上挂一条用于擦汗的毛巾，拎着一只墨绿色水壶就往自家的田里走去。干一会儿农活后就借机口渴，坐到田埂上，打开黑色的塑料壶盖，很享受地喝上几口又甜又苦的糖霜细茶。

吹过田野的风早晨时是凉爽的，午后是裹着热浪的，但在喝茶的片刻，吹过田埂的风似乎是格外柔软的，有对于劳作的犒劳，有对于投入下一阶段劳作的鼓劲。有时在相邻地里干活的人会来讨茶喝，当他们抬起脖子喝下一大口后，有的会惊讶地来那么一句：糖霜细茶啊！

几十年过去了，我的老爸每天还是要泡一杯浓浓的土茶，我也是热衷于喝些绿茶、红茶、普洱茶，遇到菜园茶，也会买上一些。现在我们一家都不喝糖霜细茶了，但有时到别人家里做客，还是会碰到一些主人问："要不要加糖？"

有温度的菜垄茶

黄春爱

松阳是全国知名的绿茶种植县，在茶叶形成产业之前，松阳的百姓就零星地在田间地头或菜园的角落种一些茶叶，当地人称为土茶，也称菜垄茶或菜园茶。这些茶，一般一年就采摘一回，在谷雨前，待茶叶疯长的时候，就将它们一一采摘回来，然后在家里手工制成，平常自己喝，家里来了客人就泡上一盏土茶，并且放上一勺白糖，称作"糖霜细茶"，这是松阳农家待客的标配。

4月临近中旬时，我趁着春光无限进山采风。还没有到达小竹溪与朋友会面，已经在松泰大院准备用餐的朋友打来电话：速来，有你喜欢的场面！我已经习惯了朋友对我卖关子，就如同朋友也早料到了我会对什么场面激动。

松泰大院门口铺着一领竹簟，竹簟上铺着一层薄薄的被揉得卷曲的新绿，仔细一看，是茶叶。原来，松泰大院正在制作谷雨前的菜垄茶。我顾不上吃饭，将他们制作的每一个过程进行了记录，这个"遇见"，比午餐更值得品尝。

松泰大院的管家潘姐告诉我，昨天她和员工一起在山上采了半天的茶，她把手伸给我看，手指和指甲都被茶叶汁给渍黑了。在谷雨前采摘并制作手工茶，是受了明代许次纾《茶疏》的影响："清明太早，立夏太迟，谷雨前后，其时适中。"适中，就是刚刚好，茶的品质刚刚好，就如我遇见他们制作土茶也是刚刚好一样。

松泰大院连续在村广播里发出收购信息，潘姐说："没办法，顾客太爱这些手工茶了，我们每年招待客人以及零星卖点给顾客就要五百来斤茶。我在微信里发出订货消息后，第三天就关闭了这条微信，主要是订单太多，我不敢再接，再接的话也找不到原料啊。"潘姐是个见客熟的爽快人，我只在松泰大院住过一宿，加了她的微信之后，似乎就被当作好友，吃个便饭居然都可以享受刷脸的待遇，真是令我始料不及。为了保证菜垄茶的品质，潘姐还让人每年将采摘后的茶树砍掉，茶树的生命力令人大开眼界，即便你如此残忍对它，它还是遇风生长，当年就可以健壮地满血复活。它享受着阳光雨露，又避开了春季的虫害，从而不需要化肥农药，保存了它品质的纯正。它听着山间的鸟鸣生长着，它饮着山涧的泉水生长着，它每天仰望着星空及蓝天……我忽然觉得，菜垄茶是天地间诗意的存在。

刚从山上采摘下来的菜垄茶要先进行摊晾，然后再将土茶放到烧热的铁锅中炒。炒茶师傅告诉我，这个过程叫杀青，也叫炒青，主要是将刚刚采摘下来的茶叶炒软，铁锅的热度是为了破坏和钝化茶叶中氧化酶的活性，抑制鲜叶中的茶多酚等非酶促氧化。

在边上的一个金牌土导游像个百事通一样告诉我：炒多少茶是有讲究的，主要是根据下一道揉茶人的手掌大小来投入，进行"量掌定制"——手掌大的茶叶多放一点，手掌小的茶叶少放一点。

师傅与徒弟分坐茶匾的两端，这种竹器不知是不是松阳特有的，在松阳山区非常常见，两头各长出一截，供揉茶的人坐着，竹器就稳稳地摆在长凳子中间，他们专心地在上面揉茶。揉茶是有道道的，双手将刚出锅的茶青团在手中，然后按顺时针或逆时针方向进行揉捻，在这个过程中，茶青慢慢地被揉成条形。这个过程考验师傅的力道，如果力道不

对，茶青就会碎掉，而碎了的茶青做出的茶叶，泡好的茶叶
不是从茶园中采摘下来的二叶一心或三叶一心，而是一小片
一小片的，无法满足你对茶叶完整的想象。

这次来帮忙的村民被潘姐以三百元一天雇用，大家干得
都很卖力。茶叶揉捻完，就被员工端到外面的竹簟上进行摊
晾，这几天天气好，可以放在阳光下摊晾。我问潘姐，如果
遇到阴雨天怎么办？潘姐说，那就放在焙笼里，焙笼放在炭
火上烤，一样不影响土茶的品质，这些都是经年累月的民间
智慧结晶。

晾晒一天后，茶叶的颜色就会由青绿转为墨绿。据说在
茶叶初干后，还会再进行一次揉捻，以便让茶叶有更好的形
状。由于时间关系，我并没有对他们的最后一道工序进行拍
摄，但潘姐会拍好最后一道工序的照片，有图有真相地满足
我对整个手工茶制作过程的好奇。

制茶师傅告诉我，再揉后的茶叶还要放在焙笼里烘烤，
需不断用双手进行上下翻转，以使其受热均匀，不致影响品
质。烘干后，为了使"茶相"好看，还要人工对茶叶进行拣
选，或用特制的筛子进行筛选。

最后一道工序叫烩茶，也叫"磨茶"，是手工茶出品

的关键环节，整个过程要持续半小时。这个时候，不能用大火，只能用文火，烘干筛选后的茶叶就可以放在锅里慢慢"磨"，待茶叶微微泛白，茶香被"磨"出来后，手工茶就算诞生了。

整个过程看下来，听下来，手工茶顿时在我心里变得有温度起来，它与制茶机里一道道出来的茶叶显然有"温度"上的差距，它是通过手掌的温度，还有阳光的温度出品的，阴雨天时则有炭火的温度。

卷三　光阴曲

卯山问茶

鲁晓敏

　　父亲自诩是一个嗜茶如命的"茶痴"，早起一杯浓茶，中午一碗粗茶，晚来一盏清茶，几十年如一日，习惯不曾改变。他只消靠在藤椅上，捧着茶水清静地养神，一杯气息浓郁的茶水慢慢喝完便立刻神清气爽。父亲喝茶挑剔，在江西工作十多年，他却一直不喜欢江西茶，也喝不惯我寄给他的上好的西湖龙井，只认准松阳本地出产的"卯山仙茶"。不知道父亲为什么喜欢喝这种外貌平庸的粗茶？

一

　　卯山，坐落在松阳县境内，一丘高不过四百余米的山峰，却是浙西南一带的道教名山。《卯山叶氏族谱》记载，东晋著名道士葛洪、南朝道教茅山宗创始人陶弘景曾云游至卯山炼丹。追随着他们的脚步，历代无数高道咸集到此修行。南朝道士叶乾昱在此筑观修炼，至叶道兴、叶有道、叶慧明，历经了四代。到了玄孙辈，出了一个声名显赫的人物，他就是唐朝道教宗师叶法善。《旧唐书》记载叶法善医术高超，深究道教精义和方丹金石之术。也就是在卯山修炼期间，叶法善培育出了卯山仙茶。

"自古名观出名茶"，这话不假，道教与茶道关系非常密切，道教和绿茶都是修性之物，以茶治病，以茶养身。茶理顺了人的脾性，磨平了人的浮躁，心生杂念的时候，喝一碗清茶便会豁然彻悟。在茶中融进"清静"意念，达到天人合一的修行效果。

进入唐朝，道教作为国教得到了空前发展，卯山周围道观林立，著名的道观有唐玄宗赐名的"淳和仙府"和后来宋神宗赐额的"寿圣观"。由于松阳偏居一隅，人口较少，加上寺庙、道观众多，故香火比较清淡，即便是叶法善主持的卯山观也要通过劳作来自给自足。他和农民一样参加农事劳动，带领弟子种茶、采茶、制茶，培育优良的茶叶品种，"卯山仙茶"就是在这样的状况下应运而生的。

史料记载，卯山仙茶形状如竹叶，颜色深绿，茶水色清，味道醇厚，香气浓郁。叶法善将卯山仙茶的种植、制作、加工技术传播到松阳百姓手中，茶叶在他的推广下迅速从宗教走向民间，卯山成为松阳茶文化的祖庭。

我们回头来说叶法善，他生于隋大业十二年（616），卒于唐开元八年（720），在七十古来稀的古代，竟神奇地活了一百零七岁。唐高宗期间，叶法善进入宫禁中主持斋场。唐景云元年（710），叶法善协助李隆基发动"唐隆政变"，铲除了韦氏集团，李隆基父亲唐睿宗得以顺利即位，后来又帮助李隆基登上帝位，即大名鼎鼎的唐玄宗。紧接着，叶法善协助玄宗剪灭了专横跋扈的太平公主集团，为开辟开元盛世立下了赫赫功劳。玄宗对叶法善的信任和恩宠可谓是空前的，特授其金紫光禄大夫、鸿胪卿、越国公。

可以说，没有任何一个松阳人能够像叶法善一样，因其显赫的功名、品德和道行对地方文化产生如此深远的影响。松阳很多事物都与叶法善有关，宗教、习俗、农事、医药、养生、茶叶、道教音乐等等。因对松阳茶有再造之恩，他被尊为松阳的"茶神"。直到今天，一些产茶村还保留着敬茶神的习俗，祈求茶神保佑茶叶丰收。

一撮细细的茶叶，在叶法善手中，化作了养精蓄锐、调理阴阳、通经理气的妙方。那一张张舒展的叶子沉浮千年，依旧芳香袭人。

二

正宗的"卯山仙茶"当然还要去卯山品尝，地理上的正宗让心理上得到了认同。接待我的是卯山"天师殿"一个中年道长，青衣布鞋，脸上藏敛着无数沧桑，闲聊中得知他的俗名叫叶罗生，系叶法善第五十三世孙，年轻时在龙虎山修炼多年，后回"天师殿"担任住持。

那天，"天师殿"外正好有一支道教乐队在拍视频，几十号身着华丽服饰的演员整齐地列坐殿前，弹奏着《月宫调》。据说，这首源于《霓裳羽衣曲》的唐宫乐曲，经叶法善糅入道教音乐元素，遂形成今天这样轻柔、曼妙的曲调。

在神秘的乐曲中，叶道长将一只蓝花碗端到我的面前，碗里铺着一层干茶叶。那是一双刚刚采摘过茶叶的手，粗糙双手沾满了新茶的汁液，指甲中还残留着一点碧绿的碎叶。

道长提起茶壶，白气腾腾的沸水洒进碗里，干茶叶在沸水中翻滚、旋转、舒展，在沸水的冲劲下"呼呼"地发出嫩绿的芽儿。一会儿工夫，香气丝丝漫溢而出，春潮涨满碗口。久闻其名的"卯山仙茶"就在面前，只消闻一闻飘荡着的香味就舌尖生津。深吸一口气，袅袅清香进入了五脏六腑。我恭敬地端起茶碗，细细地啜了一口，苦涩，性烈，携着草木的狂野，带着锋利的棱角，我疑惑地看着这碗茶，不由得皱了皱眉。

道长应该是读懂了我的心思，他解释道："这茶是自己喝的，所以从不洒药，也不施肥，茶性刚烈，是实实在在的无公害无污染的有机茶。施主如果喝不惯，可以将第一道茶水倒去，第二道一定回味无穷。"我依照道长所说，再斟了一碗，一口一口地慢慢品味，果然味道刚柔相济，苦中藏甘，隐约带着一股豪气。冲过几道水，那碗卯山茶依旧浓酽，芳香如初。

好客的道长为了让我了解"卯山仙茶"的品质，提起热水瓶又给我冲了一碗近年松阳声名鹊起的"银猴"茶。此茶汤汁青绿晶莹，茶叶在水中亭亭玉立，婀娜多姿，味道甘美，但觉得不够烈性，不够韧性。如果说"银猴"茶是一个懵懂初开的少女，那么"卯山仙茶"更像丰韵成熟的少妇；如果说"银猴"茶是一个谦谦君子，那么"卯山仙茶"则是仗剑侠客。喝着茶水，我就觉得有些神奇，这卯山茶还是一千三百年前的种子吗？制作配方还是一样的吗？心里不禁有些怅然。

与道长聊聊茶事，抬头满眼峰峦，低头山野气象。聆听千年古乐，品茗之间便生出一份野逸，多出心旷神怡的心境。再细细地端详着这碗茶，一张鹤发童颜的面影浮现出来，随着晃动的水纹逐渐平静，那张唐朝的脸显得越发生动。

一个薄雾初开的清晨，一双粗大的麻鞋踏进了长松山的深山老林，叶法善一袭布衣，肩上扛着一把锄头，身上斜斜地挎着一只竹篓，他仔细地在野草灌木丛中搜寻着。突然，一种熟悉的香气扑鼻而来，一株叶子形如雀舌的草木进入了视野，那是一株上好的野茶！他赶紧挽起袖子，跪在潮湿的地上，小心翼翼地将它挖出，捧进了竹篓。叶法善已经不记得这是第几次进山，这一次，他终于找到了梦寐以求的野茶。其后，叶法善又陆续找到十几株一样的野茶，将它们移植到卯山。他将野茶培育改良，这就是载入许多志书的"卯山仙茶"。

"卯山仙茶"到底是什么样子的呢？《新街叶氏宗谱》卷一记载：雀舌仙茶蹾地而生，并无木本，逢春开采，若有若无，不能多得，土人采时，若一喧哗，便无所见……啜雀茗，其叶绿，其舌红，清芬沁心……

叶法善被时人誉为"道中宗师、人中神仙、医中华佗、茶中圣手"，在唐显庆年间已经名满天下。最让人津津乐道的是他们家族的长寿，除了一百零七岁的叶法善之外，他的叔祖叶静能和姐姐都是百岁高寿之人。世居卯山的叶法善家族，五代人平均寿命超过八十岁，他们家族在中国历史上也可以进入最长寿家族之列，成为"人瑞"家族。在古代，超长寿往往喻示着非人间的力量，这是叶法善倍受推崇的原因之一。

唐高宗欲求长生之术，盛情邀他入宫，并授之高官厚禄。叶法善坦然谢绝，理由是"臣病在朝市，疗在山林"。经过高宗一再挽留，他进入宫禁中主持斋场，玄宗时担任皇家道观景龙观住持，与皇家结下了不解之缘。叶法善在朝廷的另一个身份是皇帝的养生医生，前后侍奉了高宗、武则天、中宗、睿宗、玄宗五代皇帝。因为叶法善的高寿，他的饮食习惯受到了皇室的推崇和效仿。据载，"卯山仙茶"就是那个时候进入皇宫，成为皇家饮品的。

今天，有些道观专门设有茶堂，有侍茶的茶班，茶班中的道士分工明确，有茶头和施茶道人，甚至还有一支道家乐队，在宾客品茶的时候演奏道教乐曲助兴。烹茶洗砚，道音绕梁，品茶论道，以茶悟道，普通的品茶变成了由俗入道的神圣仪式，将品茶者由俗世引入宗教的神秘境界中。法善待客时的场景我们已经无从追溯，但道家茶道让我们产生了无限遐想。遥想当年，帝国的权贵和名人雅士端起一盏泡得浅浅的卯山仙茶，鼻尖上聚满了山岚清风，半碗清茶下肚，清香由里而外地疏通出来，松风，泉水，山色，通通涌来眼底，目之所及皆是浙西南的郁郁葱葱。

今天的卯山依旧茶叶飘香，整座山蛰伏在抽芽的枝头下，通体碧绿，形状如同一只倒扣的青瓷茶碗，让人无法想象这只茶碗亿万年前曾经是愤怒的火山口。卯山上留下很多有关叶法善的遗迹，比如通天观遗址、天师殿、试剑石、丹井、重修的御碑亭……但是追寻不到当年的那些茶树。

叶道长说，"卯山仙茶"成为贡品后，茶种在松阳广为传播，可以说，今天名闻遐迩的松阳茶，追根溯源就是"卯山仙茶"的品种，"卯山仙茶"已经成为所有松阳茶的代称。

三

在天师殿一侧的厨房，我目睹了一次传统的炒茶。

　　一个系着围裙的老婆婆，左手从箩筐中抓起一把晾干的茶青，均匀地撒在一口烧热的大铁锅中，右手伸进锅中匀速地搅拌，整套动作非常娴熟。茶叶在铁锅中有节奏地翻滚着，老婆婆左手捏着麦秆扇，对着铁锅快速地扇着，白烟从铁锅中"呼呼"地卷起，逐渐模糊了她的脸。老太公猫着腰坐在灶台前不断地往里添柴，火光映照在他红彤彤的脸上，舔乱了满脸的皱纹。烟雾弥漫开来，整个厨房热气腾腾，像一只刚刚揭开盖子的蒸笼，茶叶的清香带着水汽扑面而来。

　　炒好一锅茶，老婆婆直起身来，卷起围裙擦了一把汗津津的脸，脸颊通红地冲着我笑。经过交谈，才知道他们都已八十多岁，是一对老夫妻，来自卯山后村，每年开春时节便过来帮叶道长炒茶，以备道观招待之用。

　　叶道长说："卯山仙茶的制作工艺比较复杂，我们一直沿袭着传统的制作方法，经过采摘、挑拣、晾晒、烘干、杀青、揉捻、焙制等多道烦琐的工序，才能制作出上等的好茶。我们今天种茶、炒茶、制茶的技艺大都是叶法善流传下来的。"

　　叶道长又说道："松阳人泡茶、喝茶的很多习俗也是从叶法善开始的。"

我查阅了不少资料，没有在史籍中找到唐代就有炒茶技术和干茶泡茶法的记录。唐代采用蒸青茶的制茶技术，将蒸好的青茶晒干后压成砖茶存放。喝茶方式与今天有些不一样，将茶砖敲碎后放入茶壶中煮沸，再洒入茶盏中饮用。到了明代，发明了炒青茶的制茶技术，普及了干茶冲泡喝茶的模式。

那么，叶道长的说法是不是值得商榷？叶道长的说法或许有一定的道理。松阳的另外一项日常茶饮——端午茶，一直采用晒干后冲泡饮用的方式，端午茶的冲泡饮用方式会不会影响到其他茶饮呢？"煮茶"和"泡茶"虽只一字之差，烦琐程度却大不相同。在小农经济的古代，百姓讲究农作效率，没有那么多的闲情逸致品茶，他们需要省时省力的喝茶方式。砖茶和干茶也是一字之差，制作砖茶的工艺相对复杂，而且费工费时，干茶更能保存茶叶的外形、滋味和自然香气，泡出来的茶水亮泽、清新，味道也更加可口。

我在元人刘回翁的《卯山》诗中，读到了一句："石室夜明烧药火，云轩晓暖煮茶烟。"此处的茶是不是卯山仙茶并不重要，重要的是我发现了一个"煮"字，说明在元代，刘诗人看到的还是煮茶。但是这并不能证明当年的叶法善留下了泡茶冲饮法，这个谜团或许永远也无法解开了，只能任由后人去猜度。有一点可以肯定的是，叶法善为松阳茶产业的发展奠定了基础。

由于叶法善的大力推动，茶叶种植在松阳相当普遍，茶叶发展成为松阳的特色产业。《处州府志·松阳县志》记载："明成化二十二年（1486）'松阳贡茶芽三斤'；茶课等钞九千一十八锭一贯六百一十文铜钱九万一百八十一文。"这组数据至少提供了两个信息：一是松阳茶在明朝曾经是贡茶；二是茶税数额巨大，是房地赁、窑冶、铅坑课税的几倍到几百倍。为了加强税收管理，防止茶农偷税漏税，明代浙江布政司将分司设置在了卯山下的古市镇，这与当时松阳茶产业的发达不无关系。

卯山是江南叶氏的发祥地，由于战乱、灾祸、戍边、移民等因素，一批批叶氏族人迁离松阳。他们俯下身子，用方巾包好一捧卯山的泥土，包好一把"卯山仙茶"的茶籽，小心翼翼地塞进行囊。朝阳如血，他们饱含热泪回望卯山，满山碧绿的茶园淡得只剩下一层浅灰。心已决，再难回头，单薄的脚印从卯山延伸到八闽、江西以及更远的地方。

"卯山仙茶"随着他们的脚步撒向了南方，他们在南方的林壑间开辟出一片片茶园，建立起神似卯山的故园。"卯山仙茶"与当地茶种杂交改良，种植制作技术也渗透到当地，促进了当地的茶业发展。"卯山仙茶"成为连接叶氏族人的根，那一株株茶树根系一寸寸伸展过来，终点是浙西南的卯山。敏感些的叶氏族人捧起一杯温醇的茶，不必身临其境，他们就喝出了卯山的清风朝露，鼻子一酸，一滴浊泪悄然跌入杯中。

千年之后，松阳茶名头越来越响亮，"卯山仙茶"却显得有些落寞，被今天松阳众多的名牌茶排挤到了荒僻的角落，更多的是在后人的言语之中或者是在一些语焉不详的史籍中闪烁。

四

叶法善一方面将高雅的道家茶文化推向上流社会，另一方面也将饮茶习惯向松阳普通百姓普及，松阳是茶由高雅向世俗渗透得相当彻底的区域。松阳百姓身处山水之间，喝茶不必附庸风雅，而是完全生活化和自由化的。因此，茶成为与柴、米、油、盐、酱、醋并列的开门七件事之一。

老一辈松阳人有"可以三日无粮，不可一日无茶"的说法。绝大多数松阳人都如我父亲一般喝茶，他们将喝茶说成吃茶，将茶归类到了粮食的范畴。松阳人将茶列入养生的主要手段，春秋一盏温茶滋补，夏天一碗凉茶清肺，冬天一杯热茶养胃。松阳人性情温顺，勤恳简朴，吃苦耐劳，这些性格的养成与长期饮茶的习惯是分不开的。越人的血性锋芒在茶叶的浸润下消失得无影无踪。饮茶风气由唐至今，松阳人养成了一千多年的茶癖。

叶法善的乐善好施影响了松阳人，热心于公益事业也形成了独具特色的松阳茶文化。相传，叶法善为了祛除发生在松阳的瘟疫，在道观门口和一些路口摆放了陶缸，泡一缸精心配制的中药，供百姓饮用。从此之后，在松阳的每处驿站、凉亭、村口、寺庙、道观，即使再偏远再破败的小庙门口，按照规矩也少不了一只木桶，或者是一口陶缸，里面装满了酽酽的浓茶或者淡淡的清茶。风尘仆仆的路人揭开木盖，用竹筒舀着饮用，守着茶缸休息片刻，卸去燥热和疲倦后继续赶路。

叶法善的良苦用心收到了效果，松阳人接力棒一样在全县各地施茶，逐渐形成松阳施茶的传统。传说有些虚幻，茶亭的存在毕竟是事实，安宁亭、洞阳亭、甘露亭、姥桥、半山亭、碗寮下、马旺亭、鸟岭头、旺火支等数十个茶亭或成为地名，或者依旧顽强地挺立着。凉亭修缮和施茶资金主要来自社会捐助和民众集资，俗称"茶谷"或者"茶水粮"，即使再穷的人家也会交上自己的份子钱。

城市茶楼林立，城里人常在茶楼聚会，一张微笑而又商业的美女脸庞浮现在我们面前，她机械地给客人沏茶斟水，一系列环节井井有条，一切按照茶道按部就班，却荡漾不出主妇的热情。松阳虽然是茶乡，以前却很少有像样的茶馆，松阳人喜欢邀朋友到家中喝茶，也不需要什么好茶具，就用吃饭的蓝花碗。待客用的是清明前采制的上好细茶，女主人从洋油箱中抓出一把干茶，分一撮到蓝花瓷碗中，一边谦虚地笑着："家里没有顶好的细茶好招待，真是对不住哦。"好客的女主人倒一盘花生，捧一碟瓜子，喝不惯浓茶的再加一勺白糖，大家边吃边聊，生硬的松阳话在茶水的浸泡下变得绵软而有弹性。

茶水喝足了，花生瓜子壳落了一地，叙旧叙够了，事情谈妥了，生意达成了，客人少不了赞一句："多谢主人家的好茶。"而在古时候，讲究的松阳人还会清唱一小段茶谣："多谢茶，多谢茶，多谢盛情泡好茶；一碗茶儿清又清，到你宅堂保人丁；一年四季都清吉，年月日时保平安。"唱罢，主客双方拱拱手，笑笑而去。

五

通往卯山的路口，竖立着一块画着松阳地图的广告牌，图上标明"卯山国家森林公园"的方位及面积。我不由有些惊异，从地形上看，松阳县仿佛一张叶子，横贯全境的松阴溪如同叶脉。现实中松阳闻名于世的也的确是三张叶子：茶叶，桑叶，烟叶。如今，桑叶和烟叶已经悄然淡出了人们的视野，唯有茶叶承接着历史光华，至今馥郁如初。

松阳建县于东汉建安四年（199），距今已有一千八百多年的历史。据载，三国时茶叶进入市场流通。或许，在更早之前已经有了茶，只不过当时越人将茶当作药来使用。唐宋时，茶产业已经相当成熟，喝茶品茗成为松阳人的风尚。明朝以后，茶业成为松阳税收的重要来源。民国时期，随着浙江省农业改进所和省茶叶调整实验场在松阳设立，松阳成为浙江规模最大的产茶县之一，松阳茶叶获得首届西湖博览会一等奖。松阳茶是自然馈赠松阳人的礼物，松阳茶的长盛不衰则是松阳人将茶融入日常生活的结果。

现在的松阳依然处在中国的产茶核心区域，北有西湖龙井，西有黄山毛峰，南有武夷山大红袍，被名茶包围的松阳，依靠独特的地理优势、历史积淀和先进种植制作技术突围而出，开创了一条属于自己的路子。2021年，松阳县茶园面积已超过十三万亩，年产茶一点七五万吨，产值近二十亿元。浙南茶叶市场茶叶交易量八万多吨，交易额六十六亿元，是浙江省最大的茶叶交易市场。十余万农民从事茶产业，他们运用传统的栽培方法，结合现代的标准化加工技术，种植、培育、生产、加工技术已经与国际接轨，"银猴""碧云天""观音露""福运天""松阳山兰""玉峰""绿谷青帝"等一个个知名品牌在那些粗糙的手中轻捻而出。在历次茶博会中，松阳茶三十多次获得金奖。茶叶成为松阳最大的名片，松阳成为"中国绿茶集散地""中国绿茶价格指数发布地"，被评为"全国重点产茶县""全国十大特色产茶县""中国茶产业发展示范县""中国名茶之乡""中国茶文化之乡"。

十年树木，百年树人，千年树品牌。叶法善对乡人的福泽以茶的形式得到了兑现，这些林林总总的名茶，或许，它们的底色来自那杯清爽疏朗的唐朝"卯山仙茶"。

一杯"卯山仙茶"，在我和叶道长的闲聊中不知不觉地辗转了千年时光。天下起了密雨，雨水"毕毕剥剥"地打着满山茶叶，仿佛是叶子奋力生长发出的声音。起身辞别，在山门处，道长送给我一包茶叶，一脸真诚地说："卯山茶用途很多，除了饮用之外，茶叶煮蛋有清肝明目的效果，茶叶汤洗身子可去痱子，茶叶捣碎可治疮口，泡过的茶叶晾干后塞进枕头，有助眠安神的功效，这茶叶可真是宝啊！"

捧着这袋来自唐朝草木的精华，抬头看看冷冷睥睨着我的卯山，雨雾蒸腾，山形一截截逐渐淡去，卯山彻底隐入虚空。我的脚底也开始水气氤氲，似乎随时都能飞升而起。正准备再次向道长辞谢，他只留给我一团浓缩在雨雾中的背影，让人依稀看到——一千三百多年前的某个春天，一代天师叶法善风雨送客归的场景。

一碗"端午"

鲁晓敏

在古时，每当端午节这天，人们总会端起一碗气味呛人的雄黄酒，据说喝了掺入雄黄的酒，可以起到驱虫解五毒的作用。所以，有着"五月五，雄黄酒过端午"一说。在我老家松阳，当地人在端午节时会端出两只碗，一碗橘红色的雄黄酒，一碗橙黄色的凉茶。这碗凉茶不是松阳特产的香茶，而是由各种中草药特制而成的端午茶。松阳人为什么要喝这种奇特的茶？一热一凉，阴阳相济，这又意味着什么？

一

端午茶不是培植的，也不是驯化的，它们是由松阳山中自由生长的草木制成的。每年端午过后，外公总会将一蛇皮袋的端午茶送过来。每次想喝，抓一把塞进茶杯中，冲上满满一杯子的沸水，端午茶在沸水中旋转，激荡出浓烈的草药清香，其中最香的是薄荷。

端午茶为松阳人所独创，无论男女老少都喜欢喝端午茶。这是一种有钱无钱都喝得起的茶，它的原材料产自山野，如果你图个省时省力，可以去草药店买，如果你不想花钱，可以自己上山采摘。

喝茶也不怎么讲究，在家中，人们用粗糙的饭甑装茶，用搪瓷杯、用吃饭的蓝花碗喝茶。炎热的夏天，农民拎着一木桶端午茶，搁在地头阴凉处，渴了就用竹筒舀着喝，几筒水灌下去，身体的燥热顿时被浇灭了。山风习习吹来，让人似乎要打个寒战。寒意彻骨的冬日，当你冒着凛冽的寒风推门而入，迎接你的是母亲递过来的一杯端午茶，热乎乎的茶水入肚，内心的寒冷立即被暖流驱散。

端午茶，顾名思义，这茶一定与端午有关。

在端午前半个月里，农人头戴斗笠，腰插柴刀，脚踩胶底鞋，如履平地般地行走在山间，神出鬼没于沟壑中，身手敏捷地攀上岩壁，他们目不转睛地搜寻着有用的草药——它们是形形色色的灌木杂草、各种各样的树根藤蔓。采端午茶是门技术活，一蓬蓬、一丛丛草木混杂在一起，哪些有用哪些无用？哪些有毒？农人的"火眼金睛"立马可以分辨出来。发现有用的草药时，他们眼中蓦然放出精光，迅速抽出柴刀，一把看似笨重的刀具，仿佛变成了一弯镰刀，他们的动作相当利索，一手抓住草药，一刀就落在草木根部，如同老农收割一丛丛熟透了的稻谷。只消砍上三五下，一蓬草药就拎在了手中。

　　这时的草药还不能叫端午茶。回到家中，还得经过农人的一系列加工，各种草药被搭配在一起，才能成为名副其实的端午茶。每年端午前，外公将采来的草药洗净，晾干，堆在一起。在众多的草药中，我能够熟练地辨别出薄荷、石菖蒲、艾草、金钟草、苍耳子，更多的是我不认识的草药。接下来，外公在地上铺开一张竹席大小的塑料布，在上面摆放一只三四十厘米高的木墩，再在木墩前面围上一圈竖立的硬纸板。一切准备就绪，外公开始"切"端午茶。

　　所谓"切"，就是用柴刀将草药剁成一到两厘米长的小段。外公坐在小板凳上，低着头，弓着腰，一手将一把草药摁在木墩上，一手举起柴刀，刀刃准确地落在草药上，随着有节奏的"剁剁"声响，一段段、一截截草药落在木墩下的塑料布上。飞溅而出的草药，经过竖纸板的反弹，也掉到了铺在地上的塑料布中。他似乎一整天都保持着这个姿势，将自己埋在成堆的草药中间。外公不是盲目地乱抓草药，他会根据自己的经验，将挑选出的草药堆放在一起，切完这些草药之后，再切另外配方的草药，这样保证家里拥有各种药性的端午茶。

最后，外婆将烧饭的铁锅烧热，随着热气从锅面袅袅爬起，锅中聚出一团白烟，外公将切好的草药倒进锅中。一手伸进草药中，先是顺时针搅拌，再是逆时针搅拌，草药在热锅中不停地翻滚着，枝叶渐渐变枯变黄。这个过程并不长，相当于炒茶中的杀青。经过炒制、焙干、出锅之后，端午茶就制成了。

二

每年的农历五月初五是中国人一年一度的端午节，又称端阳节。按照古人的说法，此时龙星处在正南中天，为全年周天运行最"中正"之位，乃大吉大利之象。

端午，是中国最重要的传统节日之一。端午时节，春夏转换，阴阳变化，毒气上升，蛇虫开始出没，人们在这天纷纷悬挂钟馗像、佩戴香囊，人们将气味浓烈的艾叶、菖蒲挂在门前，寓意着驱赶蛇虫。人们会饮干一杯雄黄酒，在小孩的额头上点画雄黄，用来解毒、驱邪、避瘟。

端午，也是一个让人胆战心惊的恶节。民间传说，在这一天，倔强的屈原大夫以身投江，自杀殉国。也是在这一天，一杯雄黄酒让白蛇精现出了原形，许仙被活活吓死。与这些传说形成呼应的是，松阳端午茶来源于一场凶险的瘟疫。而治愈这场瘟疫的是一张来自唐朝的草药配方，发明这张配方的是松阳人叶法善。

叶法善生于隋大业十二年（616），卒于唐开元十年（722），在七十古来稀的古代，他竟然神奇地活了一百零七岁。人们认为，这得益于他长期饮用自己种植的卯山仙茶和自己采制的端午茶。作为一名道士，叶法善深谙道教精义，掌握了高超的阴阳、卜筮、符咒之术和方丹金石之术，尤其精通医术，求医求卦者络绎不绝。宰相姚崇的女儿、蜀川张尉的夫人已经病入膏肓，在他悉心救护下，都得以起死回生。

"仁义礼智信"是儒家思想的精髓，"仁"排在第一位。叶法善虽为道家，也有着一颗仁爱之心，他将道与仁融合一处。叶法善不忍见百姓遭受病痛，一心为百姓治病，从不收取任何费用。就这样，叶法善游历天下，一边传教一边救死扶伤。当一个绝望的病人被救活后，病人往往会将所有的感恩回报于道教。叶法善的信徒群体在民间滚雪球般地越来越庞大，他们对叶法善崇敬万分，尊之为活神仙。

到了唐高宗显庆年间（656—661），叶法善已经名满天下。《旧唐书》记载，当时唐高宗广征天下方术之士合炼仙丹，叶法善在征召之列。说白了，唐高宗想炼长生不老药。众方士在唐高宗面前竭力献媚，呈现各种法术和骗术，哄得高宗团团转。只有叶法善不以为然，他大唱反调："金丹难就，徒费钱财，有亏理政，不妄虚糜……"叶法善以大量的事实证明了那一颗颗金灿灿的金丹不仅劳民伤财，更是戕害人的毒药。最终，唐高宗放弃了炼丹计划。

经此一事，叶法善深受唐高宗的赏识，主持宫禁斋场，之后又受唐高宗派遣，多次前往东岳泰山行道祈福。到了唐玄宗时，叶法善担任了皇家道观景龙观住持。历经高宗、武则天、中宗、睿宗、玄宗五代皇帝，叶法善往来于宫廷和民间，屡受尊崇。

据说，当时松阳一带发生了一场瘟疫，叶法善听闻消息之后赶回松阳，带领百姓上山采百草。经过不断调试，精心配制出一碗清凉解毒的草药汤。这碗汤药不同于苦涩的草药，它有些甘苦，有些青涩，有些寡味，病人服用后，不出半月便纷纷痊愈。法善将这碗浑黄的草药汤留给了乡人，人们发现，这不仅仅是祛疫病的良药，还是一味调理阴阳、祛病养身的妙药。

端午前半个月至端午这段时间，气候温润，雨水丰沛，百草从春天发芽到初夏的蓬勃生长，生命力达到了旺盛的巅峰。人们发现，此时百草疗效最佳，最适合作为端午茶的原料，于是人们将这种端午前采摘的草药称为端午茶。人们便有了在端午时节喝端午茶的习俗。若问最具松阳特色的端午习俗是哪样，毫无疑问，就是这碗端午茶，松阳人的端午更像装在一只只大小不一的碗里。

有了这样的背景，人们将端午茶的起源归功于叶法善也就理所当然。松阳人感恩叶法善，还将很多事物归功于他。比如，被称为"戏曲界的活化石"的松阳高腔，它与道教音乐有众多相似之处，很多人认为叶法善是松阳高腔的创始人。甚至，民间传说法术通天的叶法善背着唐明皇游览了月宫，大名鼎鼎的《霓裳羽衣曲》是作为梨园之祖的唐明皇带下凡间的乐曲，而松阳的《月宫调》则是《霓裳羽衣曲》余音。人们说这是叶法善从月宫中带出来的。

　　松阳茶叶也是这样，人们认为卯山仙茶由叶法善亲手培植而成，松阳茶业经过叶法善的发扬光大，一直延续传承到了今天。传说中的叶法善过于虚幻，史籍中的叶法善过于夺目，对于松阳人来说，现实中的叶法善更像一碗浅浅的茶水，每一次喝茶，或许就是与他相遇。

三

　　端午之前，松阳人将蒲根切细、晒干，拌上少许的雄黄，浸在白酒或者黄酒之中，或者抓一小撮磨成粉末的雄黄拌入酒中，称之为"雄黄酒"。老人们念叨着："饮了雄黄酒，病魔都远走。"

　　喝雄黄酒祛病，只是人们的美好愿望，雄黄的主要成分是硫化砷，是含汞的有毒矿物质，因此，每一杯雄黄酒都隐含着不为人所知的毒素。而松阳端午茶，却是一杯实实在在的中药茶。古时候的松阳，医疗条件相当落后，家家户户都要准备一些中草药，端午茶既可以作为预防疾病的饮品，又可以作为药方，自然备受松阳人喜爱。

　　松阳地处山区，交通极其不便，如遇到患者突发疾病，等待郎中赶到时往往错过了最佳治疗期。所以，松阳男女老少都懂得一些治病的常识,特别是在家操持家务的年长女性,几乎人人认得各色中草药,个个会配制具有各类药性的端午茶。似乎在松阳大地上,遍布妙手回春的土郎中。

在松阳,人们所讲的中草药往往是单一的一味药,而端午茶往往是多味药的总称。假如怕热,加几味草药下去,它便变得清热解毒。假如怕寒,调剂几味草药,它便可驱寒。总之,随着不同的手抓起不同的草药,端午茶就有不同的味,就有不同的疗效,而往往一个地道的农民、居家的农妇,甚至是一个不经事的少年郎,都可能有一双会调理脾性的手。因此,不少家庭掌握着治疗疑难杂症的偏方,但人们不分里外地统称其为端午茶。

"王氏祖传草药铺"是松阳老街的一家老中药铺,南直街一号的门牌还隐约可见。"王氏祖传草药铺"招牌上的红纸被雨淋得有些模糊,仿佛一张醉汉的脸。店铺中间搁着一张包着绿色塑料硬膜的小桌,七十多岁的店主王显运坐在桌子后面。王显运身材干瘦,披着一件迷彩的外套,头发疯长,像极了一丛萋萋的草木。他身后的墙上挂着一面灰红色的锦旗,上书:多年皮肤病药到病除。两排高大的架子立在墙边,无数个塑料袋和一捆捆的草药上贴着苍耳子、野靛青、油草根、茯苓、龙葵子、百叶草、八仙花、白丁香等中药药名标签。

植物浓郁的气息从店里飘出，飘散到老街上，飘到深巷中，每一个经过的人似乎还可以嗅到空气中那一丝隐约的清香。"王氏祖传草药铺"仿佛是一座隐形的山峰，那里的植被葳蕤生长，那里流淌着蜿蜒的溪流。一条不长的老街上，坐落着十多家这样的草药店，将它们连接在一起似乎便是绵延的群山。而在松阳的语境中，我们习惯将它称作"长松山"，一座得名于松阳的山脉。

外公去世后，家里的端午茶没有了来源，我便常去王显运草药店购买。我问他，端午茶有哪些草药配方？他说有上百种吧。王显运从抽屉里翻出一本毛边的笔记本，里面详细地记录了一大串的草药名字：金银花、鱼腥草、石菖蒲、桑叶、金银花藤、鸡血藤、桂皮、藿香、艾叶、牛舌草、樟树叶、大发散、地风蓬、天仙果、六月雪、鹅掌柴、陈骨皮、马蓼、麦冬、黄栀根、淡竹叶、金珠莲、白茅根、山苍柴、野菊花……

端午茶外形杂乱，看似七七八八的草药混搭在一起，其实是十分讲究的。王显运会根据每个人的脾性和病情，搭配具有不同药效的草药。少一味，疗效就有差异；多一味，口感就会不同。只见他随手一抓，说这是二钱鱼腥草，这是三钱大发散，这是半钱桂皮……很快，二十多种草药装进了袋子。他嘱咐我，每天泡一壶，一定要沸水冲泡，就当闲茶喝。

我之所以爱喝端午茶，信任端午茶，还要追溯到二十年前的一次亲身体验。

那时，我在古市供电所工作，一次去平卿村催电费。村子坐落在高山之上，只有一条弯弯曲曲的羊肠小道通向村里，手脚快的青壮年需要爬个把小时，老弱者则需要好几个小时。我刚退伍不久，身体素质不错，走个把小时的山路对我来说并非难事。正值酷暑，一路上鲜有林荫遮挡，白花花的太阳一直罩在头上，一会儿工夫，汗浆一股股地涌出来，浸透了整件衬衫。走不到半程，头越来越沉，脚越来越重，在同事的搀扶下，勉勉强强走到村口的凉亭。

此时，我早已头晕目眩，靠着柱子直喘粗气。一个路过的老农见此景象，说我中暑了。于是，立马折身回村。片刻工夫，只见他端着一口钢筋锅快步跑来，锅里盛满了浓酽酽的端午茶。我连着灌了三大杯茶水，随着凉水"咕咕"淌进体内，我顿感体温降了下来。不一会儿，脑袋渐渐清爽起来，感觉浑身舒畅，赶紧向老农致谢。

这一喝，喝出了十几年雷打不动的习惯。其实，端午茶功效广泛，除了治疗中暑之外，还能清热解毒、消暑解渴、祛湿散风、祛积消食、预防感冒……甚至，可以用端午茶擦拭身子，对于治疗皮癣、湿疹、脚气等皮肤病有一定的功效。可以说，在缺医少药的古代，端午茶如同万金油，它可以是特效药，可以是保健茶，可以是解渴水，可以预防日常生活中的各种普通疾病，甚至可以茶到病除。

背井离乡的松阳人，也会带上一些端午茶。这些茶是松阳人的护身药品，他们的胃乃至五脏六腑、浑身筋脉从小与端午茶的气脉连接在了一起。随着一碗平平常常的端午茶进入腹腔，身体上的痼疾、精神上的顽疾，一一化解开来，渐渐消散于无形。而身处异乡，也会追随着一碗端午茶，回归到草木清静的松阳，那里淡泊，无争，自然，充满了浓浓的亲情和缕缕的乡愁。

四

与一株株精心培育的香茶相比，一丛丛野蛮生长的端午茶，看似随心所欲，采摘、制作的各个环节何尝不是一次精耕细作呢？一代代松阳人喝着植物的精华，那一份来自天地的从容，一份来自山野的豁达，浸润到了松阳人的心中，造就了松阳人的草木本心。

在松阳，端午茶既是一种茶的名称，同时也是人的一种生活方式。你看松阳人很随性，随手一抓就是一种茶，每一泡茶的原料都不一样，它不像茶叶一样以浓淡区分，而是以多种不同植物的组合，形成不同的茶性。即使闻不惯端午茶气味的外地过客，只要轻轻地"啧啧"茶水，很快也会被百味俱全的自然味道所吸引。

与松阳茶叶相比，松阳端午茶的喝法显得粗犷，走到任何一户农家，你随意舀起来就可以喝。在古时，村口的社庙、村中的祠堂、水口的廊桥，这些公共建筑既是路人遮风避雨的地方，也是歇脚喝茶的场所，村民自发地在这里摆上茶桶、茶缸或者茶壶，泡上或浓或淡的端午茶。地处驿道必经的繁华村镇，甚至还专门建有茶亭，有人专职烧水，打扫卫生，方便过往的路人、商人饮用茶水。甚至，人们把茶罐、茶桶搬到田间、移到街巷、摆在凉亭、放在埠头，谁都可以来喝，爱怎么喝就怎么喝。

我想到了松阳的名小吃——薄饼。人们先在烧热的平底锅上擦上一层油，待锅里冒起一丝丝的青烟，立即抓起一把半干半稀的面团，在锅底按照逆时针方向抹一圈，一张薄如蝉翼的圆形面皮就摊在了眼前。在这张直径二十厘米左右的面皮上，可以放进很多的菜，鸡蛋丝、鱿鱼丝、肉丝、粉丝、海带丝、红萝卜丝、蘑菇丝、韭菜、苋菜、豆芽、豇豆、豆腐干、金针菇等等，喜欢什么菜就夹到面皮上，或多或少，随心所欲，最后卷起来吃。看似大杂烩，其实是精心制作的精品美食，集味道之大成，让人百吃不厌。

端午时节，一家人欢聚桌前，一盘盘菜肴端了上来，一张张面皮递了过来，松阳人一边吃着薄饼，一边喝着端午茶，显得其乐融融。这些独特的食用和饮用方法如出一辙，这不是偶然。将驳杂的物体归于统一，将众多的质朴化为精华，从某种程度上来讲，以端午茶为代表的松阳风物，集合了人类的精心和自然的随性。

或许，这就是这方山水赋予这方人的脾性。

当时只道是寻常

陈聪聪

　　一片叶子落入水中，改变了水的味道，从此便有了茶。不知何时，我也开始迷恋喝茶，浅浅饮，慢慢品，亦苦亦甘甜。

一

　　茶的味道，是岁月酿出的。我不太懂茶，但这不妨碍我爱喝茶。作家芥川龙之介说，为使人生幸福，必须热爱日常琐事，比如云的光影，竹的摇曳，雀群的鸣声，等等，须从所有日常琐事中体味无上的甘露。这就如同饮茶，闲暇午后，一壶清水，一把茶叶，一缕暖阳，看绿意在水中浮沉，令人沉醉。

　　记忆中的茶，是祖母手制的菜园茶。

老家安岱后群山环绕、郁郁葱葱，坐落在松阳县最高峰箬寮岘的山脚，海拔有八百多米，气候温润，云雾缭绕，日夜温差大，茶的品质非常好。在这里，田埂上、菜园间、小溪边或山坳中，狂放而任性地生长着一株株老茶树，不施肥，不打药，远离污染，很天然。初春时节，一个个嫩芽从枝头悄悄钻出，懵懵懂懂，把小山村的各个角落都染得翠绿。

祖母不知道松阳银猴、西湖龙井、安吉白茶，不知道绿茶之外还有红茶、黑茶、黄茶、白茶等各种品类，但这并不影响她会制茶，制作好茶。老家海拔高，茶叶抽芽晚，清明前后，祖母便会拎着大大的竹编篮子，从自家的菜园里、后山上采摘鲜叶，我也会屁颠屁颠跟着，美其名曰帮助采茶叶，实则流连在山涧里，采雷笋，摘野草莓，不亦乐乎。

回家后，祖母也没有闲着，忙着将鲜叶中的老叶片和混入的杂草清出，又招呼父亲烧土灶、热铁锅。待铁锅热了之后，祖母倒入茶叶，然后改小火，用双手均匀地翻炒。此时，茶叶便如一个个绿色的精灵，在锅里自由地跳跃和舞蹈。

其实，我最喜欢的还是"揉捻"环节。祖母将杀青后的茶叶倒在茶匾上，然后和我母亲一起，将其分成两团，一人一边开始揉搓、翻转，使茶青迅速成条、卷曲，并散发出灵魂的清香。这个茶匾，是我们当地揉捻茶叶的器具，用竹篾编织而成，形状呈一个"中"字，置放于两条凳子之上，两端坐人，因竹篾摩擦，能将炒热的茶青很快揉细。

经过祖母的巧手，历经杀青、揉捻、摊晾、干燥等环节，一杯香高味醇、色绿条紧的香茶便呈现在杯子里，仅是浅尝，就能使身心有奇妙的感触，让人喝出人生的况味。

二

鲁迅先生说，有好茶喝，会喝好茶，是一种"清福"。

父母喜欢喝茶，基本都是祖母制作或者亲戚家送的，好喝但不贵。平日里，烧一壶山泉水，放入一撮香茶，不浓不淡，晨起一杯，口渴一碗，闲时一口，无关风雅，只是生活。

在物资匮乏的年代，茶叶虽然是自家制作的，父母却舍不得喝，想留着置换一些必用品。只有客人上门时，母亲才会拿出新制的菜园茶，取一些放入青花碗里，小心翼翼地加入一勺平日舍不得吃的白糖，注入热腾腾的沸水，再用双手捧上，亲切地唤一声"咥茶"！主客均笑意盈盈。

松阳作为茶乡，老百姓喝茶、以茶待客的习俗沿袭已久。客人上门，无论是谁，主人都先会泡上一杯热气腾腾的香茶，有的还会和我母亲一样，在茶叶中加入白糖，俗语"糖霜细茶"，表示主人热情好客。客人喝过清香甘甜的绿茶后，往往赞不绝口。所以，松阳民间至今还流传着茶谣《多谢茶》："多谢茶，多谢茶，多谢盛情泡好茶；一碗茶儿清又清，到你宅堂保人丁；一年四季都清吉，年月日时保平安。"

茶，是礼敬、友谊的象征。松阳民间，还有"头道苦，二道补，三道荡屁股"的俗语。意思是，第一次冲泡的茶水极苦，客人可能会喝不惯，所以要将其倒去；第二次冲的茶水口感好，又益身体，是待客的上好佳液；第三次及以后冲的茶水茶性大减，淡而无味，最好少喝，若要喝再重泡。

我想，客来茶当先，这是老百姓的淳朴民风；而那一碗糖霜细茶，则是松阳人在特殊时候最高规格的待客之礼吧！

三

绿茶文化属于江南，更属于藏在江南的秘境松阳，那延绵上千年的茶汁，早已渗透到了当地人的骨髓之中。

松阳建县于东汉建安四年（199），已走过一千八百多年的漫长岁月，是处州之始、丽水之根，自古就是田园牧歌式的桃源胜地，被誉为"最后的江南秘境"。这里被称为"茶乡"，不仅仅因为"茶龄"和"县龄"差不多，早在三国时期，就开始出产茶叶，到了唐代已很兴盛；更因为这里的茶文化历史悠久，这里的人们将茶视为一种沟通天地的生命，有关茶的故事说不完、道不尽。

据说，唐朝诗人戴叔伦任东阳县令期间，曾到访松阳的横山寺，一碗当地的横山茶，令他沉醉其中，感慨万千，便赋诗《题横山寺》："偶入横山寺，湖山景最优。露涵松翠湿，风涌浪花浮。老衲供茶碗，斜阳送客舟。自缘归思促，不得更迟留。"

当然，戴叔伦是否真到了松阳的横山，值得深究。不过，松阳的横山茶、下街茶、万寿茶一直声名远播，银猴茶、罗汉茶、延庆茶亦被市场所喜爱。

四

茶，能提神，很静心，亦养人。

历史上，松阳的"卯山仙茶"很有名。唐朝初年，道教宗师、越国公叶法善在松阳卯山道场修炼，他将形如雀舌的野茶，培育改良成"卯山仙茶"，口感鲜醇柔和，香气持久，层次感很强，具有抗衰老、延益寿、强免疫的功效，还有减缓神经紧张、提高记忆力、清肝明目等功效，成了皇家御赐御用贡茶。

听闻，因常饮"卯山仙茶"，在平均寿命只有五十多岁的大唐，叶天师竟神奇地活到了一百零七岁，成为百姓口中血肉丰满的"活神仙"，叶法善家族先后出现了三位年过百岁的高寿之人。

这些年来，丽水本地的绿茶品牌声名鹊起，龙谷丽人、惠明茶等等，形、色、味各有千秋，名字也美，令人充满诗意的想象。松阳茶叶在古代茶林中独树一帜，在岁月变迁后同样熠熠生辉。《松阳县志》记载，在1929年的西湖国际博览会上，松阳茶叶获得了一等奖。现在，当地良种自育的"松阳银猴""松阳香茶"品牌，已成为优质绿茶的典型代表。

茶是人与自然的融合。在漫长的历史岁月中，茶叶逐步成为老百姓家中的日常饮品，成为一种经济作物，影响着千家万户。这些年，通过种茶、制茶、卖茶，大力发展茶产业，松阳全县有百分之四十的人口从事茶产业，百分之五十的农民收入来自茶产业，百分之六十的农业产值来自茶产业，当地老百姓的腰包越来越鼓，日子也越过越滋润，真正是以"一片叶子"富裕一方百姓。

五

雨中，行走在明清古街上，目光所及，是鳞次栉比的老店铺，打铁铺、草药铺、理发店……还有一家家冒着烟火味的小吃店，连空气中都散发着丝丝甜香。

其实，喜欢老街的理由有很多，最实在的一个，就是吃。老街上的美食多，茶食也不少。因为，在松阳人的习惯里，茶叶是可以入膳的，汁、粉、叶、末、茸，都可以融进食物。

老街口的位置，开着一家煨盐鸡店，店面装修得很明亮，几口土灶一字排开，几只铁锅里"咝咝"地往外冒着热气，吸引着路人纷纷驻足。老板每天定量制作，辅以茶叶等作料，卖完就休息，生意红火。掀开土灶的木锅盖时，一只只乌鸡、白鸡有序地排放在雪白的盐层之上，散发着油亮的光芒，还带着茶叶淡淡的清香，咬一口，皮脆肉嫩，鲜香四溢，令人回味。

当然，松阳的茶叶美食还有很多：茶叶熏腿，搭上猪肚是绝配；茶叶面，茶叶饺，茶叶酒，甚至抹茶冰激凌……每一口，都满是家乡的味道。偶尔，它们也作为温暖的治愈者，给远在他乡的游子以安慰，抚慰那些无处安放的灵魂。

六

一杯清茶下肚，人生百味了然。

友人在老街巷弄的一家茶室等我。和风细雨中，共赴一场浅斟慢饮的约，有一杯热茶等候，内心无比温柔。

茶室是老房子改造的，隐于闹市，推开木门，入口就是"不急"两个大字，不禁让人感慨，这一方静室，亦是修身养性之处。茶室主人给我们准备了三款茶，淡雅的、浓郁的、平和的，有苦，有涩，有甘甜，不断冲击着味蕾，唇齿留香。

茶色在变，话题在变，茶室的四方天井里，雨滴洒落。我们笑着说着，用一盏茶的时间，静待花开，静坐听雨，时间也在一冲、一泡、一抿、一入喉中，不见了踪影。

渐渐地，窗外的雨止了。我和友人相邀着下一次的"以茶为名"。只是，内心却是回忆翻涌，不知为何，特别想念祖母手制的那款菜园茶，想念那个带我采茶的可爱老太太，想念她翻炒茶叶时的认真模样，一直延伸至心间。想来，或许是因为，那是一个孩子对茶的初印象，那是最好的茶时光。

此刻，雨水浸润的青石板格外明亮，一如这生活。

歇力茶米疙瘩

陈聪聪

　　松阳十大特色菜肴里，有一道药膳，名为歇力茶烧猪脚。将歇力茶煎熬出汤汁，再将切块、洗净、过水之后的猪脚放入锅中一起炖煮。这样烧出来的猪脚肥而不腻，汤汁能祛风除湿。这道药膳深受当地人和一些外来游客的喜爱，还上过央视美食节目。家乡还有一道让我心心念念的美食，名字和歇力茶猪脚有着异曲同工之妙，口味却天差地别，一个浓醇厚实，一个清新淡雅。它虽用料平凡，却让人无法忘怀，这便是歇力茶米疙瘩。

　　知道这道美食的人其实并不多。前几天，我和父母念叨着想吃，母亲便说："是好久没做了，明天让你爸去碾米厂碾点米粉回来。"当天下班回家，我就看到一大锅歇力茶米疙瘩静静地放在餐桌上。原来，是姨妈从杭州回来做的，特地差表妹送来。晚上，我将美食晒在朋友圈，朋友们纷纷评论："这个发明不错。""歇力茶烧猪脚不错，不过这个看着也很小清新。""从来没吃过呢，歇力茶是什么？""舌头舔到手机屏，口水淌到西屏。"……

其实，歇力茶不是茶，而是多种草药的混合物，具有祛湿、开胃等功效。不同季节、不同的人，对歇力茶也有着不同的配法。父亲的歇力茶里，有金银花、野豇豆、黄柴绳（土名）、水桐子……很多我既没见过也没听过，不过，奶奶总是笑着对我说："你爸做的歇力茶颜色'太黑'，下回奶奶做。"

我吃歇力茶米疙瘩已经二十多年。母亲常为我做。她将新鲜的猪肉切成小块下锅翻炒，等猪肉散发香味后，倒入熬制好的歇力茶汤汁，再加入适量调味品炖煮到浓郁鲜香。取米粉加少许歇力茶汤汁，放在温热的锅内搅拌，再用力揉压使米粉团起筋，趁热将其揪成一个个洁白细腻的小疙瘩，下锅与猪肉、歇力茶一起煮，即成为一锅非常美味的疙瘩汤。米疙瘩软糯，汤汁清香淡雅，除了歇力茶的清香，还有淡淡的肉香。在炎炎夏日，这一碗用心制作的歇力茶米疙瘩既健脾祛湿、增进食欲，又营养丰富、利于消化吸收，是最普通又最美好的家常滋味。

　　小时候在农村，做这道美食之前，父母都要拿出自家种的最优质的大米，用石磨一圈圈地磨成粉，再用土灶熬好汤，煮好米疙瘩，有鲜肉的时候加新鲜猪肉，没有时就加点烟熏火腿，两个做法口味各有千秋。我一直很奇怪，为什么这道美食在别的地方很难看到？我去问了奶奶和父亲，他们也很难说清原因。不过有一点可以肯定，老家隐匿在崇山峻岭间，海拔高，湿气重，加上远离县城中心，各类物资相对匮乏。而歇力茶米疙瘩就地取材、制作简单，软糯好吃、老少皆宜，还可祛除湿气，因而大受欢迎。

　　昨天，父母又做了一锅美味的歇力茶米疙瘩。我没有独享，叫了朋友一起品尝，而她在开吃后就立即对我说："味道棒！你真有口福！"

　　是啊，美食在前谁能抵挡？平日仅仅半碗饭量的我，可以吃掉一大碗歇力茶米疙瘩。

　　在我的老家安岱后村，几乎家家户户都会做歇力茶米疙瘩。奶奶便是配制歇力茶和制作歇力茶米疙瘩的高手。还在老家时，隔三岔五便会有叔伯阿姨上门讨要歇力茶，奶奶从不吝啬，总是三副五副地送人，还耐心细致地教人配制方法，生怕人家下次忘记了。以前，我总是不屑一顾；现在，我却想好好地学一学，不为别的，只为子女想吃时，自己也可以露一手。

我想，这看似平常的歇力茶米疙瘩，就如一抹淡淡的乡愁，把家乡的温情全部通过清香淡雅的汤汁注入你的味蕾，在细微处勾起你浓浓的回忆。

也许，正如深夜食堂所言，心和胃，总要有一个是暖的。

吃　茶

松　三

　　比起喝茶、饮茶，我更爱吃茶的说法。一句"吃茶去"，多少沾了几分豁达与洒脱。

　　说起来，吃茶还是古老的叫法。《茶经》里记载，唐代最流行"吃茶"——将茶饼放在火上烤、炙，到了一定火候，将其碾碎成粉末，随后放到水里烹煮，混入姜、葱、橘皮、枣、薄荷等一起熬制，待它们熬成粥状，便可食用。

　　这样的茶粥还未尝过，但松阳之旅，也真成为吃茶之旅。

　　先见着的是腿哥。腿哥在松阳专有一家"吃茶"的店，不是茶馆，是餐馆。

　　一走进餐馆，便见几条烟熏火腿悬在半空。

　　腿哥的皮肤黝黑，不比这火腿白多少。他立于餐厅门口，每逢有人盯着火腿看，他便双眼发亮："用茶叶熏，慢

慢熏，慢慢熏，挂在土灶后，一绝！"

　　腿哥不知向多少人这样介绍他的茶熏火腿。他的绿茶餐厅，以茶入馔。餐厅以青砖墙围合出朴素的院落。

　　浅的绿，深的绿，翠的绿，墨的绿，迷蒙的绿，清新的绿，温柔的绿……

　　夏日到松阳，见到诸多茶的颜色。茶色在饭桌上铺开，被做成青茶面、青茶麻糍、青茶汁烩豆腐羹、青茶酥、茶叶羊排、茶叶虾仁、青茶饺，清炒百合撒鲜茶嫩叶点缀，茶各色各样，成为一蔬一饭。

　　另有一道茶叶熏火腿，不见茶迹，但闻茶香，是用茶叶熏出的火腿肉切片和着笋干滚锅，茶香肉香一同袅袅弥漫，大家喊：

　　"来一块！"

　　夹在筷间的便是腿哥的茶熏火腿。

　　腿哥是松阳当地人。小时候，松阳人家中的老房子里，老土灶经年累月地烧着，老房子外，是高山、青田，还有一些隐匿在绿野中的古茶树。那时候的茶田茶山，不似现在这样整整齐齐的。那时候的肉，也要存放好久，村民惯常将当地的土猪肉悬于土灶后，每当土灶生起火来，烟气缭绕，熏得猪肉油脂滴落，香气四溢。

到了腿哥手上，他将熏制的柴火换了换。

每年春秋季，茶农要将茶树修剪一番，以保证茶的嫩芽发得更葱茏。那些修剪下的老茶枝，被腿哥收来，当作熏肉的原料。在松阳，一半以上的百姓都做着与茶相关的事，茶在松阳漫山遍野，茶枝不用愁。

腿哥专熏猪腿，猪腿来自松阳当地两头乌黑的土猪，选猪后腿。一条后腿上盐、整形、熏制、发酵、翻腿、洗晒，大约要历经一整个春夏秋冬。

腿哥的外号，便是这样来的。

当然，我以为，当晚最可口的属青茶面，青茶的香和进软糯的面，让人唇齿留香。我与坐在一边的草白，一同用筷子撩起青绿的茶面，各自囫囵吃了两大碗。后上的青茶饺则最好看，搁在盘子里，碧绿如千峰翠色。

还有一道绿茶麻糍，以油煎，掺了茶末的墨绿色麻糍中裹红糖，吃起来甜中带着微苦，很妙，令人想起四个字——悲欣交集，但总是欣欣然居多——吃起东西来，哪还有时间伤春悲秋。或只是煎过火了吧。

其实，以茶做香料，是常见的。

杭州的龙井虾仁源远流长，传说是乾隆下江南时吃的名菜。用开水先将茶泡出香味，然后以茶水混合茶叶，与腌制好的虾仁一起下锅烹煮。云南有一道菜，鲜薄荷叶炸排骨，松阳人则替换成鲜茶叶。茶香比薄荷香更温和一些，炸过的鲜茶叶，酥脆酥脆。我们吃得嘎吱嘎吱响。吃出声来，倒也别有一番风味。

云南一带还常吃腌茶。去山上采回新鲜的茶叶，洗净晒干，人工揉搓出茶汁之后，放入辣椒、食盐等辛香调味料腌制，放入瓦罐中，随吃随取。不过，云南人只要有辣椒、食盐，便可蘸万物吃。一位德宏芒市的朋友便常以辣椒和盐蘸土豆、年糕吃，也蘸菠萝、哈密瓜吃。

江南人吃茶是温柔的。

江南人巧慧，在一杯清茶中撒了一勺白糖，她说，这样便不苦。

年轻的巧慧在松阳教授茶艺，一毕业回到家乡松阳，便一直忙着与茶相关的事。清茶加糖，是千百年来，松阳女性对茶的吃法。可见，松阳人是在茶的底色上，再加点甜。以茶入馔，倒又反过来，是在食色生香上，还原一些苦的要义。

茶是有这样的力量的。巧慧说，原本想在大城市扎根，哪知道一毕业就回来做了茶，一做便想永久地做下去，且要好好做。

吃茶去，最出名的，是历史上那桩关于禅修的著名公案：

有僧到赵，《五灯会元》载：赵州从谂禅师，师问新来僧人："曾到此间否？"答曰："曾到。"师曰："吃茶去。"又问一新到僧人，答曰："不曾到。"师曰："吃茶去。"后院主问禅师："为何曾到也云吃茶去，不曾到也云吃茶去？"师召院主，主应诺，师曰："吃茶去。"

无论来客至或未至，只当用平常心吃茶即可。

松阳人很明白这一点。再也没有比将茶撒进食锅更平常心的做法了。

回程那一日，到松阳的大木山茶园，烈日当空，我们循着一条岔路进了一家小饭馆，叫粗茶淡饭。午间一道菜，是鲜茶叶蒸鲫鱼，茶的鲜香渗进鲫鱼嫩白的肉，又香，又鲜，又软糯。

女店家清瘦白净，说，鲜茶叶是自家茶园中采的，腌鱼料是自家先生调的。

邻桌问起来，那么你家有茶卖吗?

店家说，有，有。

同伴向店家买了两条鲫鱼。出发前，女店家已换了小桌给邻座的客人泡茶、品茶。

草白欣欣然，她在野外拔了一株小小的松阳土茶回家，准备种在自家院落中，待来年嫩叶发出，期待也能做上一道鲜茶叶蒸鲫鱼。

卷四　无尽藏

问茶之道

孙昌建

以前和朋友谈起松阳，常会提到的几个关键词是抗战、师范、古村落和民宿，如前同事夏雨清在陈家铺创办的"飞鸟集"，就成了民宿界的一个话题和标杆，还有在那里的先锋书店。那天下午在老街碰到浙江卫视的华少，才知道《诗和远方》节目组来到了松阳，也去了陈家铺。

那松阳老街，还真的有点老街味，不像修旧如新的那种老街，让人一言难尽。那天有点梅雨天的意思，只要我一撑起伞，雨即停，而收起伞，雨又立马前来骚扰。这样淋淋撑撑，身上汗雨夹杂，便逃进一家叫"山中杂记"的店中避雨喝茶，进门便是一口炒茶的大锅。

如果光从门面上看，并不知道"山中杂记"是一家书店，不过这个名字倒是熟的，因有一本书就叫《山居杂忆》。现在的书店也基本是以书为幌子，茶和咖啡才是主角，幌子要幌得好也是不容易的。后来仔细看，这"杂记"主要有四项内容：茶事，书局，手作，杂货。

我们点的一壶茶，喝着似有野草和中药的清香味，从透明的玻璃壶看去，里面放着些粗叶子和植物的根根脉脉，松阳的朋友说这叫端午茶。这可是我第一次听说，也是第一次喝，便有不少疑问，这倒也符合本次出行的主题：松阳问茶。

先不问，先喝下三杯，甚是落胃，这让我想起老底子"双抢"时喝的大桶茶，那是用一个竹勺子舀来喝的，你喝我喝大家同用一个勺，今天看来好像很不卫生，但那时也就这么过来了，三伏天喝那种茶，真是解渴解暑解乏力。

我平时喝茶，基本还是为了解渴，功能大于审美，常常觉得工夫茶的喝法不够杀渴过瘾，特别是在闷热的天气里。这端午茶看上去没有茶的身形，心里便有点犯嘀咕：这也能叫茶吗？聊天时我又喝了几杯，显得很贪杯的样子，意犹未尽时便被叫去逛街，心想这茶水也能打包带走就好了。逛街时见不少小店都有端午茶出售，是小黑板上的主打产品。晚饭前上的也是一大壶端午茶，饭后跟当地朋友的聚会，话题也还是端午茶，这便算是切入了主题：松阳问茶。

先问端午茶。

问了之后才知道，说是在农历五月初一到五月初五，松阳的家家户户都会在山林野外采集草本和灌木植物，除了熟悉的菖蒲、艾草之外，其他基本属于中草药家族：车前草、鱼腥草、半夏、黄连、薄荷、紫苏等，也间有桑叶、绞股蓝、野菊花等。比较怪异的是还有些树片，那上面都能看到年轮之痕，需一一将之洗净晒干，且选在端午日将之炒制一番，还说这个锅子最好先要炒过薄饼的馅，这正如炒茶叶也要先在锅子里抹点茶油才行。炒制之后的端午茶闻之便有清香，是春夏天走进森林里的那种气息。我以为端午茶的材料就是中草药，但却冠之以茶名——这是一个好创意，因为请你吃药和请你吃茶完全是两种语境，吃茶去是美谈，吃药去就有点问题了。而从本质上说，茶即是南方之嘉木，长在天地之间，这倒是符合粗茶配淡饭的朴素之道。老底子讲柴米油盐酱醋茶，从这排名看就应该是寻常之物。至于这茶为什么是在端午前采制，有一种说法是端午前的植物无毒性，而端午这一天恰是蛇虫百脚都要醒过来爬出来了，所以要用五黄来镇之，所以人们在端午这一天的祝福语是吉祥而非快乐。

第二天去"中国传统村落"上垒村看茶园，极目望去，山谷里是大片大片的郁郁葱葱，即便只有手机，也让人颇有拍大片的欲望。就这个传统村落而言，也真的是回天无力了，但是茶园还会把人召到这天地之间来，因为要种茶、管理茶，当然也包括我们这些人前来看风景。风景是寻常的，因有大片的茶园又显得有可拍可说之处。时近六月下旬，如果是在杭州龙井龙坞一带，夏茶和秋茶几乎都已经不采摘了，但在松阳似乎并不是这样。即使几元钱一斤的收购价，还有人卖，也有人买，这就挺好的。那天因为我要提前回杭，没去茶园主人家喝茶，但是我想，身乏力疲之际，在农家那么一坐，面对一片茶园，间或有鸡犬相闻，品土茶喝土酒，说不定陶渊明也会打飞的过来的。

从松阳到丽水高铁站，叫的是网约车，一个多小时的路程，没想到问茶尚能继续，因为网约车司机小李的主业还是做茶，开网约车只是兼职。一路上车过青山绿水，连田里种着的都是茶叶，小李说这可是松阳特色，虽然对此褒贬不一，相关政策也在不断调整，但是小李说，松阳的茶叶那是实实在在给农民带来了好处。

因为是闲聊，我也没有录音和笔记，我只记住了几条，一是松阳有浙江最大的生茶交易市场，二是松阳种植茶叶的面积是浙江最大的，从事茶业的人员是浙江最多的。当时我问，你们家在松阳大概排多少位，他说在几百家中只是排到中间的样子，基本上要忙个半年，从元旦春节一过就开始做乌牛早，后面则是龙井43，这些年他还有好长一段时间在安吉做白茶生意。小李说做茶叶生意其实挑战还是蛮大的，从茶农手里收来生茶，制作加工后再卖给茶叶商，他坦言茶农最辛苦，他们次之，而经销商风险最大，赚得也最多。

最后小李问我，喝茶洗不洗茶的，我说我会洗手但不洗茶，小李说，最好还是用冷开水先洗一洗。

小李说这话时是很认真的，一路上我问了他好多问题，最后也加了微信，这可是一路的松阳问茶呀。半个月之后我又去了丽水参加一个笔会，让我点评当地的五位作者，后来我才知道五位中有两位竟然就是做茶叶的，一位是松阳本土作者，一位是新丽水人。他们问了我文章之道，我问了他们茶叶之道。由此看来，一片叶子还真的是蛮有故事好讲的，那就让我继续问茶之道吧。

在松阳喝茶

周华诚

一

阵雨突如其来，拉住了我们在杨家堂古村落探寻的脚步。雨点噼里啪啦地打下来，打在历经沧桑的黛黑色鱼鳞瓦上，打在被岁月打磨光滑的鹅卵石步道上，打在即将进入盛花期的古老樟树上，飞珠溅玉，顿时给杨家堂的这个春日，增添了一层烟雨迷蒙之美。

顺势钻进一座凉亭避雨。眼前的杨家堂古村，黄色夯土墙层层叠叠，构成错落起伏的村庄，村庄两翼，山峦环抱。远处青山，近处飞雨，好一幅春日喜雨图。

看到我们于此避雨，一位老人家过来攀谈，随即又从室内取出热水壶与茶杯。"这是我们自家的土茶，喝喝看。"

杨家堂这样一个小山村，被外界誉为"金色布达拉宫"而声名远扬。在村中行走，那些顺着山势起伏的建筑让人赞叹不已。黄土泥墙旁，又时不时冒出几丛茶树，几棵芥菜，充满日常的生机。房屋不远，在几棵参天古槠与栲树下，铺陈着连片的茶园。

松阳的茶，其实大有来头。据说唐代的道教天师叶法善，在松阳卯山观里修炼，也在山中栽种茶树，制得一种卯山仙茶。这茶"竹叶形，深绿色，茶水色清，味醇"。在唐高宗的盛邀下，叶法善提着一篓卯山仙茶，跨进了帝国的朝堂。据说，这是蛮荒的浙西南小县松阳第一次以茶乡的身份，进入唐人的视野。

明代，松阳的茶还上贡朝廷。松阳的茶，有代表性的是两个品牌，一个是"松阳银猴"，一个是"松阳香茶"。松阳银猴是本地自育的良种，叶子银绿，卷曲多毫，通俗一点说来，就是茶叶抱成一团，有很多毛茸茸的银毫，就像深山里的小猴一样可爱。这茶的名字，令人遐想。

说话间，老人家泡上几杯绿茶，茶雾腾腾之中，茶香渐渐飘荡起来。我们坐在这凉亭之下，天地之间，甜滋滋的空气混杂着春日草木雨水的气息将人裹挟。雨点打在瓦背上，打在香樟树叶上，嘈嘈切切错杂弹，大珠小珠落玉盘。恍惚间，我们是那三百年前的孤独行路人，翻山越岭，驿路迢迢，赶考或经商，在松阳遇雨停留，此刻乡人施的一碗热茶呀，颇能慰藉心怀。

问了问，老人家姓宋，七十多了，曾当过十几年的村干部。杨家堂村九十九户三百多口人，以宋姓为主。山上人家，以前没有什么经济来源，茶叶算是重要的收入。阳春四月，村人多在山上采茶，采得鲜叶几许，以低廉的价格卖给入山收茶的茶叶商人。山野间的土茶是好东西，得高山云雾雨露烟岚的滋养，更没有什么污染，商人们收去炒制，转手高价卖出。有时候，村人也留一些茶自己喝，便是这种土茶了。

松阴溪从西向东流淌，带来充沛的水源，滋润着松古盆地。松阳有着丰富的传统村落资源，在前五批中国传统村落名录中，松阳共有七十五个古村落入选。可以说，浙江省近半的最美古村落都在松阳境内。松阳也因此被《中国国家地理》杂志誉为"最后的江南秘境"。在这样的秘境里，这几年开起了很多时尚的民宿，开起了书店和咖啡馆，也开起了植物染等有意思的文创小店，许许多多的年轻人，不辞路远

地来到这些村庄，住下来，亲近好山好水好空气，也亲近着中国乡村里，自然和传统村落的美好生活。

譬如我们，在古村落里游走，因为一场雨，而喝到一杯原生态的好茶，应也是与古村的一种亲近吧。

二

两天里，我们看了几座古村落，四都乡的陈家铺村、平田村，三都乡的杨家堂村、上田村。陈家铺村是典型的崖居式村庄，有六百多年的历史。画油画的曾益，陪我们在古村落做田野调查，他带我们走了一条僻静的不为人知的小道——他说那里才是观看陈家铺村的最佳角度，他在那里写生过——有谁会不相信一位画家的眼光呢？陈家铺还有一家先锋书店（平民书局店），亦让人流连不已。在楼顶上的小平台可以看见村庄全景，带一本书坐在阳台上，心可悠游万里。

平田村的路，高高低低，弯弯绕绕，我们去的时候正值暮色四合。细雨纷纷之中，整个村庄云雾缭绕，傍晚的幽蓝色调，让村庄更显静谧和神秘。这个有九百年历史的古老村庄，一年中的大部分时间处于云雾缭绕之中，因此也得名"云上平田"。我们躲进一家咖啡店喝咖啡，直到夜色沉沉。

　　去上田村，则是第二天中午了。跟许多村庄一样，年轻人都离开了村庄，很多无人住的老屋就荒废甚至倒塌了。两三年前，村集体租下村民的一栋房子做了改造，这个村庄从此开始了美好的蜕变。老房子里，开起了精致的民宿，慕名而来的游客也多起来。上田村的四面山坡，油菜花正在盛开，鸟声啾鸣。逛完古村出来，在村口大樟树下，遇到一位老婆婆正给人泡茶。我们便也坐下歇脚。老婆婆泡的茶，很奇怪，不是用的茶叶，而是一团团的枯草。遂好奇询问是什么茶。答是草药茶。

　　"这茶救过我的命啊。"老婆婆又说。

　　我正想着该不该再问一句，老婆婆自己说："看不出来吧，我生过大病的。"我大感惊讶。她接着说："后来，就是喝这个茶喝好的。"

　　老婆婆满头银丝，面色红润。我把茶壶拿过来，取出草药来研究，然而看来看去，依然是几团枯草。

　　老婆婆笑了，说就是草，是后山上采的。从前在这大山深处，出去一趟，颇为不易，有个头疼脑热，不能去医院看病。山里人有山里人的智慧，就到丛林里、崖壁上扯几丛草啊几株藤啊，挖几块树根，放在一起煮水喝了。神奇的是，

头疼脑热也就退去了。

这一壶里有三种草药，至于是什么名字，老婆婆也说不上来。她只知道是山里人代代相传的秘诀。前两年，上田村整体改造，知道老人家有这一手绝活，乡干部专门给她腾出一小间屋子，挂上一块巴掌大的木牌，上书"草木房"。现在，没事时她就在这棵老樟树下泡茶给大家喝。

我们喝了茶，要付钱，老婆婆连连摆手。"在这里喝茶，不要钱！"她说，如果想喝了，下次再来！

那间泥墙房里，飘荡着悠悠的草木香。

三

在松阳的餐馆里吃饭，店家往往端上来一壶热茶，里面泡着树叶、树根之类的东西。一问，店家就说这是松阳特产——"端午茶"。

还有专门在端午时节喝的茶吗？

倒也不是非在端午喝，一年四季都是可以喝的。陪我们在古村落采访的曾益说，松阳人对端午茶有特殊感情，觉得它比什么名贵茶都好。譬如有一次，一位外地来的朋友在松阳登山，烈日炎炎，山高路远，一路虽有竹木阴蔽，这位朋友还是中了暑，头晕目眩，坐都坐不稳了。其他人料想他是中暑，便找来一只不锈钢茶杯，抓了一大把"端午茶"，加水在煤气灶上煮开，沥出茶汤后，在凉水中降了降温，让他一口气饮下。不一会儿，他就生龙活虎了。

类似这样的例子很多，端午茶，自是松阳人每日必备的茶饮。

端午茶都有什么配方，这却不容易弄明白。在松阳，一百家人就有一百种端午茶的配方。你在任何一处喝的端午茶，口味都与别家略有差异，所以这茶又叫"百草茶""百家茶"。松阳流行端午茶，归根结底，还是与松阳这片土地有关系。这里山多，山里到处都是药草。在端午茶中常用的有金锁匙、石菖蒲、鱼腥草、金珠莲、石凉撑、天仙果、山苍柴、大发散、马蓼、地风蓬、山木通、坚七扭、六月雪、土藿香、野菊花、生黄芪、倒钩刺、插田泡、金银花藤、牛舌草、墙络藤、艾叶、麦冬、铁火钳、陈皮、黄栀子根、水桐子等，有上百种。

古时候，松阳各处的驿站、凉亭、寺观，都有茶桶或陶缸，盛满端午茶，供行人自取饮用，消暑解渴。寻常人家，也取用其中几种或十几种药草，按照药草的热性、凉性、中性，结合自家人的体质进行配伍。可谓是，常备端午茶，一年喝到头。

松阳人文底蕴深厚，中医药传统文化在当地有深厚的民众基础，中医世家也很多。据统计，县域内至今仍有一百多家中草药铺，也流传着众多有价值的中医药方。随便走进一家，就能告诉你独到的端午茶配方，煮出一壶独一无二的茶来。

千百年风物流传，至今，这松阳端午茶已然是省级"非遗"项目了。

怪不得，我们在古村落里行走，不时就会遇到施茶的人；我们在县城老街，一抬头也能遇见草药铺——某天就在老街上看见一家"宗琮草药铺"，牌匾上有字"始于1950年"，店门前挂着两句诗："独活他乡已九秋；刚肠续断更淹留。"查了查，出自宋人洪皓的《药名一绝》，嵌着"独活""续断"等草药的名字。

松阳的古村落，藏在山野之间，是一种气象端然的乡村美学。松阳的茶，则隐现在烟火日常里，那是宁静恬然的生活美学。

浮生一日，茶事二三

草 白

一

"茶树的身边不能只有茶树，还应该有别的花草树木。"这是挂在松阳茶人孔晓澄嘴边的一句话。今年夏季罕见的酷热，连续高温近两个月，很多地方的茶树都被晒死或晒伤了，孔晓澄的茶园却安然无恙。

"夏天茶园里长的杂草，我们从不锄掉。"这是孔晓澄的秘诀，也是他的植茶之道。

一开始，工人们并不理解他的决定，认为此举纯属浪费有机肥料。可经过酷暑的连续"烤炙"，他们终于明白了，草叶吸热，对茶树起庇护作用，这比什么防晒网、遮阳伞可有用多了。

孔晓澄茶园里的遮荫树种有两类，合欢、泡桐、桂花属林木，香榧、柿子、板栗属果树。茶园沙质土壤，透水性好。背靠群山，北边山势高耸可挡风寒，南边地势平坦光线直射无碍。向阳山坡，有林木遮蔽，漫射光多，是茶叶生长所需的"阳崖阴林"环境。春看百花盛开，杜鹃、迎春、蒲公英，呼朋引伴，此起彼伏。夏天的傍晚，蝴蝶排着队，在山间飞舞，夜间银河璀璨，可见著名的"夏季大三角"。冬天到了，山上会下雪，皑皑白雪覆盖茶园，世界入了定般，形神俱静。现在是秋天，看天，看云，看草木黄染。最美的还是朝霞与晚霞。

孔晓澄的茶园在山野，黄金海拔，六百米以上，一千米以下。

在那样的密林深处，大概还生长着一些形单影只的古茶树，它们不成林，不聚集，只在众多树木中，甚至于荆棘杂草丛中艰难求生。孤零零的一两棵，蜡质的、油亮的叶片，光芒自生。

在松阳，哪里有古村落，哪里便有古茶园。

大自然永远不会荒芜，古茶树也是。平常，它藏匿在林木花卉中，没一点发光发绿的迹象。可一旦抽了芽条，长出鲜叶，就像火焰绽出光芒，瞬间被看见，被知道。

——其实是被闻出来的！

那嫩绿的叶片，只要在手中稍稍揉搓一下便有清香绽放，或者只需在采茶人的茶篓中兀自碰撞一会儿就有。很神奇吧？别的树尽管也长叶子，扇形，锯齿状，匙形，圆矩形，但都没有那种异香。

神农氏当年发现茶叶，会不会也是被其神秘气味所吸引？

最初，茶叶当作药用，也有说当作祭品用。

大地之上，没有哪片树叶具有如此广泛、神奇的力量，被制作成具有不同功效的茶饮。大江南北，有多少套菜系，便有多少种茶的品类。

据说茶园里有一种画眉鸟也会啄食茶树鲜叶。如果它们把鸟巢筑在茶树枝条上，采茶人就不去采那枝上的芽条，且会留几片最鲜嫩的叶子给鸟儿吃。鸟会带来茶叶生长所需要的养分，还会啄食叶片上的虫子。

"自然体系中的参与者越多，每个参与者的活力就越强。"多样性和相互依存是自然世界的法则。

一座茶园的繁荣，离不开流水、蜂蝶、野花、鸟鸣、桂花树、小兔、风霜雨雪，当然，还可以往里面添加溪流、勿忘我、星空、牛羊、小鹿……无穷无尽，一个不断接纳万物、处于敞开状态的辽阔世界，也是一个无增无减、异常稳定的世界。

人们不因自身欲望去破坏它、删节它，甚至人为改变它。寒来暑往，它安安静静地站在那里，历经自然残酷的抉择，默默与周遭植物竞争阳光、空气和水。

在古代，茶树以种子繁殖，即有性繁殖。茶树的根最深可扎到土壤三到五米处，耐寒耐旱，生命力强。如今则采用扦插术，没有主根，只有侧根，单薄，土壤承载能力弱。

老茶树散落在密林深处。人们到处寻找它，利用它，但它们自身并不需要人类的额外呵护。

二

刚刚离开树枝时，茶叶是活的。

轻盈、鲜嫩、多汁，散逸出绵绵不绝的清香。

许多年前，朋友寄给我一款松阳银猴，说是自家茶园出产。朋友的父亲是茶人，其祖父也会制茶，可谓茶叶世家。一个家族将一样手艺默默无闻地传承下去，本身就是一项壮举。它不像这个时代陈列馆里的"非遗产品"，已然丧失存在的土壤。无论什么年代，人们永远需要茶叶来慰藉身心。

那时候，我还不怎么会喝茶，平常只以白水、碳酸饮料等解渴。真正有一搭没一搭地喝上茶大概与这款松阳银猴有关。它与我熟悉的龙井实在很不同，外形条索肥壮，白毫显露，色泽虽比不上龙井鲜绿，但它真的很香！连干茶都有一种无与伦比的香气。我相信自己就是被这股清香打动的。每日清晨，习惯性地往玻璃杯里扔几片叶子，再注入热水，一阵热气腾起，干茶叶吸饱了水，那清香好似复活了般，完完全全地释放出来，有增无减。它给身心注入某种来自林地深处的活力。我甚至认为嗜饮之人大概就是被此诱惑，以至一杯杯地豪饮下去，在远离自然的年月，好似以此把整座山林装进体内。

但茶与酒不同，它让人清醒、节制、自知。

茶供给疲乏的、衰竭的生命以源源不断的能量，取之不竭。我年迈的祖母每日必饮茶数盏。她还发明了各种喝茶新方法，比如在炉子里煮一锅浓酽的茶汤，沥去茶叶末，倒入蛋液，再加一大勺红糖。煮沸后，便成了她的营养早餐，浓郁的鸡蛋红糖茶。每日一碗，大补的。从前，祖母都要亲自上山采茶、炒茶，春天的铁锅里有山林味、茶香味。年迈体弱后，采茶的事情是无法做了，但对炒茶、制作干茶叶仍乐此不疲。对她来说，没有茶喝，没有茶叶的香可闻，似乎比没有鱼肉更难以忍受！

那时候，我还无法理解，茶水喝起来那么苦，还会在牙齿上留下褐色的茶垢，喝多了更会睡不着觉，有什么好喝的！

可自从接受友人赠送的松阳银猴后，我也购置了茶具，有模有样地喝起茶来。

先是各种绿茶，然后是祁红、滇红、生普和熟普。同是茶叶，每一款的口味都不同，有些甚至有天壤之别。我在各种茶汤之间流连，越来越觉得其味隽永，不可预知。

"发酵"是红茶制作技艺中的重要一环，也是其茶味的最大来源。这道工序于我们并不陌生，面包、馒头、酒，甚至雪茄，都需要发酵。雪茄烟和红茶的发酵似乎异曲同工，都是为了去除刺激性气味，使激烈变温和，青涩变成熟。

尽管如此，"发酵"仍然是秘密，是茶人的魔术，没有统一的制作流程，更没有一连串必须遵循的数据指示。在松阳，有一个叫李美俊的茶人专做手工红茶。她的经验是顺着"茶性"来做茶，不刻意，不教条，随机应变。即使是全发酵的红茶，因产地、温度、湿度等不同，发酵时间也不尽相同。当鲜叶拿到手，悉心观察后，她便知道它们需要发酵多久，等待多久，这是经验，也是茶人本能。

有些红茶闻着居然有股兰花香或桂花香，并不是在茶叶里加了兰花或桂花成分，而是它自身就能散发出那种香味！询问过诸多茶人如何解释此种现象，版本众多，不一而足。通常的说法是可遇而不可求。

包括但不限于如下条件：鲜叶采自高山上的古茶树；整个生长周期风调雨顺，采摘时连续三个以上晴天；文火烘焙，保留茶叶原始香气；做茶时要心无杂念。

好一个心无杂念！

就像创作，全身心投入，心无旁骛。一茶一世界。不是因茶而静心，而是投入本身，茶不过是其中媒介。做茶和品茶都会上瘾，其中到底蕴藏着什么奥妙？人们因为不知，所以才想去知。

少年时，下雪天，我们去后山茶园里打雪仗。那时候，对与茶叶有关的事一无所知，只知道茶是苦的，在喜欢吃甜食的年纪，自然对茶感到疏离和迟钝。但我见过茶花和茶籽。茶籽埋在雪地里，黑褐色、油润、饱满，富有弹性，就像一个个机敏的小球。我将它捡来，偷偷丢进家中瓷盆里，幻想长出一株碧绿浑圆的茶树来，终究没有成功。茶树会开花，开那种单瓣的白色花。我好像在雪地里见过花，或许并没有，记不清了。

茶园不像果园或树林，它安静、平缓、整饬、一览无余，某些时候可充当孩童的游乐园。从一片鲜叶到一杯茶水，都源于自然，是自然的生机所化。

干脆，它就是生机本身！

茶离我的生活很近，触手可及，但多年来我却与它呈疏离状态。静心喝一杯茶，从茶水里品出人生况味，还是源于与松阳银猴的无意间邂逅。多年过去，赠茶之人的心意早已无从辨识，彼此也在茫茫人海中渐行渐远。可闻着从玻璃杯里逃逸的清香，好似闻到深林洁净、温润的气息，如此奇妙，早年在自然山林里游荡的记忆，居然通过一杯茶回来了！

三

专门用来喝茶的空间，叫作茶室。

冈仓天心在《茶之书》里写到茶室。他认为茶室是时间的收容所，凡是新近获得之物绝不能出现在那里。茶室除了暗旧,最大的要求是洁净,哪怕是黑暗的角落也要求一尘不染。但花瓶滴落的清水却不需要额外擦拭,因为那本身就是一种美,像露水一样纯净。

自从喝茶后,我也想过布置一个茶空间,无须书房那样规模浩大,需要明亮的光线、顶天立地的书架、宽大的书桌,它只需一隅就够了。书房是书籍和灰尘的储存室,茶室里储藏的分明是洁净、虚无与美。视野所及都是短暂之物,斑驳的日影、清新的空气、用旧的茶具花器、少量的花卉植物……没有大件之物、多余之物,一切都在流动中严格筛选,及时更新,宁缺毋滥。

在这个处处充满冗余之物的世间,面对一个这样的房间,简直是对眼睛和心的洗礼。不知从何时起,视野里充斥着满满当当的物,互相排斥、冲撞之物,扰乱心绪之物,充满炫耀、重复庸俗之物……人在这样的空间里待久了,会感到莫名的心悸、慌乱,只想逃离出去。

自然从不给人这样的拥塞感,哪怕林木繁密、花草遍地,哪怕杂乱无章地生长,不断越出边界,身心得到的仍是自在和愉悦!

茶室,一处人为的、不断被营造出来的空间,它模仿自然，却比自然中的空间要求更高。它最本质的部分应该是"空"，不是空无所有的"空"，而是为了容纳更多而腾出空余之地。它不容纳具体有形之物、有实际用途之物，它容纳的是山光月影、风声鸟声、四季变迁，以及人身处其中的思绪流荡。

茶室，是让人静坐的空间，身体停止走动，思绪却如壶中升腾的雾气，随意漫游，不受时空拘束。空间有禅室，茶有禅茶。最好的茶空间接近于禅室，却建于闹市人群之中，又随时可脱离而去。

如果将饮茶之地移于旷野草木之中，似乎又是另一番景象了。无须布置任何景观物什，自然早就安排好了一切，丰盈喜庆，日月流转，草木枯谢，一切都处于辗转、流宕之中。

山顶、露台、平原、溪边，一切空旷无物之地，是天然的茶室，可接近本真与童心，接近"唐时的浪漫，或宋时的仪礼"。

任何一处空间，说到底不过是心的造物。

活在此刻和当下，去凝望，去感受，去品咂，才是对茶最大的敬意，对生命最大的敬意。

花开有时尽，而茶是四季花。

茶香是风，一间间空屋子被风次第推开，就像桂花在秋风里所做的。满城尽是桂香的那几日，忍不住想要呼吸一口，再吸一口，太美了，好似不在人间。花香荡开空气，就像石子丢进水里，它不是被吞没了，而是敲开了一扇扇水中之门。

茶大概也是如此，茶水流入血液里，兰心蕙质，大梦一场。

我理解的"茶醉"便是如此。

饮茶，思人，远眺，宛如仙境漫游。

很久以前，我认识一个人，他白天饮茶，夜里喝酒。喝茶时多，饮酒时少。每次出门都要随身携带茶水。但他只喝家乡的茶，只吃家乡的点心，对别处的茶水、别处的点心都不爱。问其缘由，只说一根老舌头无法适应新东西，好像那不是他的错，而是舌头的。

为了喝茶，他自己动手烧制茶壶，上写"老树枯禅"，还亲自写茶挂，随手写下"无我""流水今日，明月前身""且作心僧"——如果说喝茶是修行，那这些一边喝茶一边写下的字，便算是一个茶人的偈语了。

我很怀疑那些茶都是他自己做的，像酿酒那样做茶，也像写诗那样做茶，从采摘、萎凋到揉捻、发酵，整个过程需凭借空气与光，去掉水分和芜杂，加入高山大河、花香果韵、时空维度，以及全情投入与"心无旁骛"，如此才能成就最佳品质。好茶，都有浓郁的回甘，就像国画的留白，音乐的无声。

千百年来，我们喝着同一棵树上摘下的叶子，这叶子春天生、春天长，到了夏天和秋天，还在生长。

茶树和人一样，也会老。

但与人不同的是，茶树会涅槃重生、返老还童。

第一次孕育花果，历时三到四年。

再经过三到四年，进入生长旺盛期。

当进入衰老期，经过人为更新，仍可以复壮，长出新树冠。

…………

但我到底没有见过那样一株不老的茶树。也许，故乡的山野上到处都是这种茶树，而我一无所见，一无所知！

四

有一年春天，为了表达对茶人千利休的敬慕，我在院子里种下三丛木槿。夏日晨风中，它们开紫红色花，有股摇曳的风姿。

《诗经》称木槿为"舜华"，一朵朝开暮落的花。韩国人又称其为无穷花，只因其一朵接一朵地绽放，花期漫长。

在电影《寻访千利休》里，丰臣秀吉的兵马将日本茶道鼻祖千利休围困在暴雨之中，要其交出怀中的小壶。这只千利休誓死也不愿交出的小壶是一个女子在临终之际赠予他的，同时相赠的还有一枝鲜艳的木槿花。

从此，木槿成为千利休的心头之花。他说："在这世上，只有美的事物才能让我低头。"

白居易也写过木槿花："松树千年终是朽，槿花一日自为荣。何须恋世常忧死，亦莫嫌身漫厌生。"

在这世上，繁华终会逝去，枯萎也终将消失，而美永恒。

花开一瞬，便是永恒。

茶关于永恒，也关于当下。

冈仓天心说过，"在反对物质主义时，某种程度上也接受了茶道"。"茶"是试金石，也是人世的修炼场。而"茶气"是一种静气，是一地、一城、一人在时光流逝后留下的氤氲气息。

在松阳县城，有一条南直老街。道路笔直通达，故而得名。老街四五米宽，凹凸不平的石板路，沿街是明清至民国年间风格的建筑，草药铺、剃头店、打铁铺，近乎失传的老手艺还在这里传承，某些时刻甚至给人生机勃发的感觉。

街后巷子里住着头发花白、行动迟缓的老人，慢动作，慢节奏，植物花草的生长也很缓慢，一切都被定格在某个久远的时空里。在这里，没有木槿花，但有茶。茶香、茶气，混在这烟火气中，从未断绝。

那是夏日，临街的屋子里生着炉子，煮着茶水。植物的藤蔓挤挤挨挨，缠绕在窗棂上，朝有光的地方攀爬。除了绿萝、铜钱草，居然还有百合。茎干细长的百合，还未绽放，鼓着生涩的条纹状花苞，透出隐约的香气。一个老妪坐在绿窗前喝茶，手里做着针线活。不知老妪饮下的是不是"端午茶"——当地饭馆给客人提供的就是这款茶水，以藿香、野菊、桑叶、菖蒲、山苍柴、鱼腥草等配制而成，有股浓郁的草木香气。

单看"茶"字便有种遗世独立之美。草木之间，有个人，是喝茶之人、种茶之人、三三两两的自然中人。"茶"字也很少与别的字词组合到一起。它孑然一身，只与自己相关，茶叶、茶花、茶香、茶园、禅茶、一茶顷，如此等等。

"一茶顷"是片刻，是一盏茶的时间。

古人一盏茶，约等于现在的十分钟。

据说是这么推算出来的：一盏茶有两炷香时间，一炷香有五分钟，一分钟有六弹指，一弹指有十刹那，一刹那就是一秒钟。

所以，一盏茶就是十分钟。

以茶事去描摹、切割时间，多么风雅。浮生一日，便在一场场茶宴、一盏盏茶水中，不舍昼夜，消耗殆尽。

人总有无可诉说、无处可去之时，那便独坐在屋子里喝喝茶吧。对着窗外的绿树、微风，对着远处的光影梦幻，如果没有树，便种一点绿萝、常春藤或铁线莲之类惯于爬高的绿植，如此也便有了恍恍惚惚、高处低处的绿意，让高处的光顺着绿叶藤蔓走下来，落进一盏碧色茶汤里。

陆羽说，第一碗茶汤最好，可称之为"隽永"，而泡茶之水中泉水为上，因其日夜奔跑，流动不息。泉水激活绿叶的记忆，如剑身反映明月，如古琴唤醒桐木。时光荏苒，至此，一切又回到源头活水中。

生生不息。

饮茶六宜

吴卓平

　　"茶之为用，味至寒，为饮，最宜精行俭德之人"，千年前，陆羽在《茶经》中如此写道。而这句话在中国茶系统格局确立之初，把饮者的气质圈定在了一个特定的范围内，也是《茶经》开始让茶饮脱胎于之前的药饮、食饮，变成一种品饮方式独特非凡的特殊饮料。而茶不似酒即开即饮，在加工后带回家的时候，还留给人以百分之十的冲泡空间。那么，如何让这百分之十发挥到极致？经过松阳的问茶之行，我或许有了答案。

闲　情

　　大凡去过松阳上田村的人，都会对村口那棵古樟树印象颇深，它躯干虬曲，黝黑嶙峋，几百年来如守护神般看守着村庄，无关流年。

而在我看来，它倒更像是一个百岁长者，沧桑斑驳，隐于民间，多少乡亲步履匆匆地从树下路过，它自岿然不动。如今春色初露，一段段枝条盈满葳蕤的青叶，荡漾弥久。

在樟树下，担侧摊前，随处可见人们提壶擎杯，长斟短酌，悠然自得，一幅充满安逸情趣的山水田园风情画铺展于眼前，让慕名而来的人瞬间忘掉烦扰，仰首扬眉，意气风发。

人们说，这是村庄的福分。

"走，喝茶去！"朋友招呼我去樟树下的茶摊尝试一下松阳的端午茶，再听听端午茶的传说。

端午茶，说是茶，奇妙的是，没有一片茶叶，唯有草木的根、茎、叶。听茶摊女主人讲着故事，茶水自然也是一杯接着一杯，喝的是宁静和恬淡，而心情好像被浓缩在草木的纹理和淡香里，似乎找回了遗于喧嚣尘世的自我。

朋友说，松阳的端午茶尤其适合在盛夏酷暑喝，直喝得"一碗喉吻润，两碗破孤闷，三碗搜枯肠，四碗发轻汗，五碗肌骨清，六碗通仙灵，七碗两腋习习清风生"。

别后多日，每每向朋友再提起上田村，提起古樟树，提起端午茶，心中无不陡生"偷得浮生半日闲"的感慨，绵延岁月，韵味悠长，浮躁、欲望一一散去。

看来，饮茶的心情，"闲"是首要的，"春有百花秋有月，夏有凉风冬有雪。若无闲事挂心头，便是人间好时节"，想要享受一杯好茶，必须得有恰切的心情。

佳　境

深秋时节，当一切都开始逐渐慢下来，奔腾的松阴溪也化为清澈的秋水，偶尔有数片黄叶漂浮其上，更凸显溪水的清澈。

深幽的青山也如同染上了釉色，有红的枫、绿的松、黄的杏……浓墨重彩。这样一个时节，当然需要一场美景来治愈自己，也需要一杯好茶浸润内心，于是便和几位朋友相约去了松庄村喝茶。

依照导航，车行至山顶停车场，便下车开始步行。穿林拂叶，黄山栾、枫香、银杏、栗树……各种斑斓色彩已经迷住了双眼，而乍现的野花和蒹葭，犹如锦缎铺陈于前，还以为走错目的地，来到了荒野。不料复行数十步，便豁然开朗，小村极为巧妙地隐藏在峰峦叠翠之中。四周竹林成海，潺潺溪水穿村而过，泥墙青瓦的民居沿溪而建，小桥流水人家，典型的江南美景。而溪水之上的这座石拱桥，据说已有两百余年历史。

寻得村中一处凉亭，朋友拿出随身携带的茶器，取了些刚才闲逛时买的农家自制土茶，水开后稍晾片刻，便以细流旋斟，浸润十余秒出汤，一时香气扑鼻，玻璃公道杯中呈现的汤色翠绿明亮，喝一口，滋味虽不及精细加工的名优茶细腻优雅，却也清爽可口。而当茶汤在口中蔓延，那些隐藏于青叶脉络里的山水意韵，便倏然在唇齿之间重现。难怪常有人说，想要与一方水土建立起联结，用味觉体验是最有效、最快速的办法。目之所及的那些山涧草木、阳光雨露，仿佛都凝结在叶片之中，最终铺展在舌尖之上。

想起明代才子詹嘉卿在《万寿山》一诗中云："空厨竹畔无烟火，细和茶声有竹鸡。"他所描写的，也是同样带着些许空寂感的田园生活吧？可知的是，明朝的松阳，饮茶之风颇盛，普及寻常百姓之家；不可知的是，几百年前的古人，是否也有我此刻喝茶的心情呢？

在古画中，古人梦寐以求的理想饮茶空间，恰是山间茅屋，临泉而坐，端碗清茶，高山流水，不问世事。即使有难以忘却的事情，却也可以在寻茶问道之间归于平静。因此，依我看，松阳山水与香茶之魅力，在于隐士般的飘逸，也在于少年般的潇洒。

所谓"能所双泯，物我两忘"，回归自然，如是而已。

良　友

缘于一次工作机缘，前去拜访位于平田村的云上平田民宿。驾车驶上盘山公路，路过错落有致的片片茶田，不一会儿工夫，便豁然开朗，如水落石出般，一座小村庄浮现于眼前，正是平田村。

位于松阳四都乡海拔六百一十米的半山腰的平田村，据统计，全年有二百多天"身处"云雾深处，因此有了"云上平田"的美称。村中黄墙黑瓦的夯土泥房，似不经意地散落于山坡上。总面积仅四平方公里的村落，古屋、古迹却俯拾皆是。每一座斑驳老旧的黄泥土坯屋，都堪称浙南山地民居传统营造工艺的活化石。

正因为如此，叶大宝也将梦想栖落于此——她运营的"云上平田"，目前已经发展成为拥有六家民宿的民宿综合体。七年多的光景，从最初几间破败的老屋发展到现今的口碑民宿，"云上平田"收获了无尽的赞誉。原生态的秘境也吸引着哈佛、清华、港大等名校毕业的建筑设计"大咖"驻扎在此。小小古村，在传统与现代化的完美结合下焕发了新的生机。

而大宝介绍，如今"茶"成了民宿崭新的"兴趣点"——虽然当地人对门前屋后散落的茶树早习以为常，但她对茶有特殊的定义：结缘者。

"可以理解为茶是主和客之间的一座桥梁，可以帮助来客卸下身处钢筋水泥间的心灵禁锢，彻底打开心扉。"正因为如此，民宿不仅开发出了自己的茶品牌"爷爷家的茶"，村中还专门设有一处茶座，客来奉茶。

无疑，这些茶与民宿交融产生的日常，为云上平田带来了更多的丰腴，而更令人留恋的还有那牵扯不断的茶友之情——

"客来一杯茶，边喝边聊聊家常，谈谈爱好。可以消除彼此之间身份的界别，以及距离感，彻底放松安静下来，虽说我们都来自五湖四海，但是通过一杯茶，可以敞开心扉，也能够更加舒适地完成一次旅行。"

经常有人说"吃什么不重要，重要的是跟谁一起吃"。其实，喝茶也一样，遇到良友跟遇到好茶一样，皆可慰藉心灵。

徜　徉

在松阳，去过了老街，去过了大木山茶园，也去过了独山，本地朋友建议，不妨再去几个古村落看看，他告诉我，关于松阳，更真实的面貌还需从那些传统而又极具个性的古村中去寻找。

抵达的第一个古村，便是杨家堂。建村至今已有三百五十多年历史的古村坐落于对面山、屏风山、祖坟山、大山脚、上山头五座大山环抱的山坳之中，坐东朝西，且依然保持了完整的"山水、梯田、村落"的传统格局。村前是层层梯田，潺潺小溪自东而西环绕村落。恰是春天，黄色的菜花在村外开放。而因地势不平，村中几十幢古民居依山而建，阶梯式向上，层叠错落。连绵起伏的灰黑色屋顶和鳞次栉比的土黄色夯土墙，在青山掩映下，显得古老而宁静。

不妨让我们想象一下，若有云雾、炊烟，眼前的山村田园必定如诗如画般美妙，而当夕阳西下，阳光照到斑驳的黄色墙体上，想必又是另一番景象吧。进村路过一座凉亭，上坡有一棵老榕树：硕大的树身不知经历了几百年，粗壮遒劲的树枝探出去，带着茂盛的枝叶，洒下大片树荫。有人在树下乘凉，也有人在树下拍照，而村里的狗无聊地走来走去，倦了，便靠着树根，打几个哈欠睡去。古村极宁静，偶有村民经过，也是只管行路，并不与游客搭话。

和朋友们在村中走走停停看看，一场大雨酣然而至，一种清远的韵味慢慢从空气中渗出，恍若一个人从孤寂、混沌的城市跑出来，感受到村庄的恩情和魅力，诚惶诚恐，心旷神怡。一行人遂跑至村中一个茶亭躲雨，也顺便点了几杯清茶解渴。只见男主人不慌不忙地取出几只玻璃杯，先捏一小撮茶叶投入杯中，再依次往杯中倒水，茶叶在杯中上下翻腾，缓缓下沉，然后安静下来，慢慢舒展开，如梦初醒，淡淡的绿意与水体交融，清清的香气随水汽飘出。茶没进口，心已微醉。等待水温适合，我才开始慢慢地喝。一杯喝完，续水一次；两杯喝完，再续一次；三杯喝过，不再续水。三杯清茶下肚，顿觉神清气爽。

在松阳的日子，在老街喝过茶，在大木山喝过茶，也在茶企、茶厂甚至旷野之中喝过茶，总有不同的遇见与风景。如《二十四诗品·自然》中所写，"如逢花开，如瞻岁新"，说的是就像与一朵正在盛放的花偶然相逢，于恬淡中看着时间流逝、岁月更迭。若为这种态度与审美赋予实感，我想，茶一定是最好的呈现。

自然万物，时间沉淀，都如此刻于杯盏之中的"香遇"。

美　器

秘色瓷源于青瓷，而又有别于一般的青瓷，它的魅力，能让一些才高八斗的文人也深感词穷，故而在形容秘色瓷之美时，古人常用到比喻，像云，像月，像玉，像冰，像荷叶，像雨过天青，像很多很多种美好的事物。

想来，秘色瓷烧制是极为不易的。而在技艺失传千年后，想要重现秘色瓷的釉色更是难上加难。在松阳，我拜访了一位研制秘色瓷的匠人刘法星。他告诉我，为了这"难上加难"，他耗费了五千多个日夜，摸索出六百多个配方，进行千余次试验，诞生了堆积如山的六万余件废弃坯体，其间，他毅然决然地卖掉了五套房子。

所幸，苍天不负苦心人，经过十多年的探索与尝试，刘法星终于复制出失传上千年的秘色釉。他依然清晰地记得2017年那一天的每一个片段、每一个细节，秘色釉系列烧制成功，刘法星形容自己"整个身体好像要蹦起来了"。

如今，刘法星依然走在无穷无尽的秘色瓷探索之路上，而他明白秘色瓷的上古烧制技艺虽不能在现金得以复制，但其精神是可以复制的。他多次与当地及行业内的老艺人交流，共同学习探讨。刘法星对秘色瓷的热爱与执着精神感动了老艺人们，使他们抛掉地域、门户之成见，热情而无保留地与他共同探讨。

有人把刘法星的秘色釉茶盏形容为一朵朵盛开的秘色花，倒让我想起一本茶书中所写，"茶与美器，好比鱼与水，相依、缠绵、共生"。

美器与匠人，又何尝不是如此。

良　匠

在上垄村，结识茶人吴美俊完全源于一场机缘巧合。四年前，她包下了村中的一片野茶树，锄草，采撷，收集，忙不过来时，就找来村民们搭把手。在自己的工作室里，经手工揉捻、发酵、干燥等反复实践，她终于研制出属于自己的"宝珀玉露"。

在她家中，她给我们泡了一壶手工炒制的野茶，味道醇厚，香气纯正。她告诉我们，这茶具有"鲜、浓、润"三大特征。

"鲜"的本质，就是活力，茶叶的活力源自松阳的绿，绿色的山，绿色的水，绿色的环境，绿色的生产方式。当万物被赋予绿色时，一切皆变得鲜活起来。

"浓"实质上是内含物比较丰富多样的体现，这是高山茶的普遍特征。上垒村位于高山之上，常年云雾缭绕，品质浓的特点是实至名归的。而当茶叶中内含物丰富多样时，它便转化为香气，浓郁、持久、悠长；当这种物质融于茶汤，汤水便变得饱满、丰富，具有张力。

"润"在于茶润物细无声的含蓄之美：不张扬、不夸张，甘香如兰、幽而不冽，啜之淡然却回味绵长——此味无味，乃至味也。

吴美俊正是松阳万千茶人茶匠的缩影和真实写照，在我看来，她的茶，松阳的茶，皆是润的，除了润物之美，还有一种浸润之美。自然之胜，淳朴乡风，道教天师叶法善制"卯山仙茶"的古老故事……无不浸润于松阳的每一个山头、每一片茶园。一杯好茶文脉相承，寄托了人与自然和谐相处的共同精神守望。

　　松阳的茶更是滋润的，它滋养了一方百姓。从以茶谋生到因茶致富，松阳人正在谱写茶叶发展的新篇章。

　　我想，所谓好茶，正是将天地自然的精华浓缩于杯中，让人身心愉悦的同时，也能让人在饮茶过程中享受劳动的尊严和由此创造出来的淳朴味道。

绿茶三帖

何婉玲

竹叶青

以前办公室有个同事，特爱喝茶，且收藏了各种不同的茶，如今由于工作调整，与这位同事分开了，我们分别搬去了公司大楼的不同楼层。偶有工作需要去他办公室，我总不会忘记向他讨点茶喝，上一次讨得一小罐白茶，这一回拿了一小包竹叶青。

回家用透明玻璃杯泡竹叶青。竹叶青的叶形酷似龙井，也是扁形的，不同于龙井的是，龙井叶片上有细小茸毛，竹叶青则是光洁的，颜色也更碧绿油润些，像一条条碧青青的小蛇。

将竹叶青倒进玻璃杯，"叮叮叮"轻响，像倒入一把把绿剑。竹叶青里有剑气。热水中的茶叶上上下下，好似竹林中上上下下窜动翻飞的无数片竹叶，又似一把把飞刀，唰唰唰，片叶不沾身，消失于无形，只留一股嫩栗清香，轻浮于山间。

竹叶青长在海拔八百至一千五百米的峨眉山上，那里有万年寺，有清音阁，有白龙洞，有黑水寺，还有峨眉山中月。

生长在峨眉山上的竹叶青，有侠气。喝竹叶青的人，也有侠气。

绿茶本是春天喝最好，但是啊，我偏偏独爱绿茶，一年到头也喝不腻，清透滋味，好似沐浴清丽山林中。竹叶青的滋味也是清的。清茶风雅，没什么复杂心思，香味单纯，口感单纯，好似澹烟疏树，抑或清凌凌的冷泉。

竹叶青价高，一盒一百二十克的竹叶青九百元，一斤要三千五百元。

本欲购买，望而却步。

我想起上次去松阳购得的一斤高山银猴还没喝完，冰箱里还囤有一包明前径山茶，今年的绿茶够喝着呢，便不再贪恋峨眉山中月，也不再念想月下竹叶青了。

没有峨眉山中月，我有西湖月、径山月、千岛湖月、安吉月、松阳月、常山月，人不可一日无茶，茶中不可一日无清风明月。

径山茶

从杭州市区出发，到径山，一个多小时路程，不为瞻仰古寺，只为走一走翠竹葱茏的径山古道，喝一杯春日的明前径山茶。

春天逛茶山，微雨最好。山上已有茶农背着竹篓在茶园中采摘茶叶。

径山茶又名径山毛峰茶，在唐朝时就已负盛名。

早春的径山古道，闻起来都是绿色的味道。山上的石头小径边开满了蓝色的阿拉伯婆婆纳，还有白色的碎米荠从缝隙中挤出来。茶树抽出嫩芽，细嫩水绿，茶农摘了一小手心的茶叶，递过来，赠予我们，像是递来了一掌心的春天。

《余杭县志》载："径山寺僧采谷雨前者，以小缶贮送人，……其味鲜芳，特异他产，今径山茶是也。产茶之地有径山四壁坞及里山坞，出者多佳，至凌霄峰尤不可多得，出自径山四壁坞者色淡而味长，大约出自里山坞者色青而味薄。"

将茶农送的茶叶拿回房间泡，没有炒过的原茶，口感清润，满是植物气息，比炒过的茶叶更有山中味道。

最近交替着喝明前的径山茶和陈年的普洱茶。真是泾渭分明的两类茶。明前径山茶淡，如春雾薄薄笼罩的云烟，淡如水墨，淡如浅晕，好似平淡生活，不惊、不喜，但也无忧无虑；陈年普洱呢，越泡越醇厚，厚得好似能喝出果香，普洱茶可不是春日山林的轻烟薄雾，而是深山雨林中的恣意生长。藤蔓交缠，林深荫翳，要么阳光普照，要么阴雨连绵，茶味中有老态龙钟，亦有淳朴霸道。

上班喝径山茶，那股熟悉而清冽的茶香，可以涤荡心中的污浊之气。

径山寺有禅意，径山茶亦有禅意。茶有禅意，是真的有道理，虽然我也说不出为何有道理，但闻到这股子清香，便觉得人间烦冗，没必要太纠结，没必要太自扰，没必要让太多难过缠绕心头。

我觉得饮径山茶，就如读散文，阅读过程中，觉得字字美好，句句灵动，感受到文字中的怡然心动，如沐春风，但合上书本后，水平如镜，雁过无痕，没有一丝负担。

这就是我喜欢散文的原因吧，这也是我喜欢喝径山茶的原因，轻盈盈的，过程有愉悦，结尾没负担。

喝茶如是，生活也该如是。

松阳黄金茶

江南多产绿茶，在浙南茶叶市场，一到新茶上市，人声鼎沸，买茶之人，手中攒一小把茶叶，走到公共泡茶区，都是盖碗，投茶倒水，然后开盖闻香。一份茶叶好不好，靠闻便能识得一半。

杯中黄金茶叶条紧直，叶色如黄金一般嫩黄，花香层次丰富雅正。我说不出是什么花香，仿若空谷幽兰，再一闻，又似乎闻出了林中果香，但都是那种清清雅雅的香气。

松阳黄金茶的口感与松阳银猴、径山茶、西湖龙井、竹叶青是决然不一样的，它没有绿茶的清苦之味，茶汤也淡，淡得如同活的清泉。

松阳黄金茶长在高山上，那山充满灵气，树有灵气，水有灵气，石有灵气，云有灵气，风亦有灵气。山上还有许多野花和古树，兰花、野百合、泡桐花、老樟、翠竹、果桃、野栗子，一垄一垄的茶树，睡在满是灵气的月光、花香和雾气里。树上的花朵、果子落下来，落在茶树根旁，香气滋润着茶叶，黄金茶便有了自己独特的花香和果香。

　　黄金茶是朋友送的，朋友在松阳有片茶园，每年采卖茶青，并不自己制茶，如要喝茶，也得到茶厂去买，但也只舍得买一些普通品质的茶叶。

　　黄金茶好，他们知道，却不常喝，他们只喝明后卖相不好看的那些老茶。

　　他们会说，这样的老茶，自己喝喝足够了。他们知道，一片茶叶里所要付出的艰辛。

　　而我手中这杯黄金茶，是朋友特意为我寻来的。

　　她说，黄金茶并不只有松阳一个产区，但是松阳的山好啊，松阳的自然环境好啊，所以松阳的黄金茶好啊。

　　你尝一口，这一杯茶里，藏了多少个清晨和傍晚。

　　你再尝一口，这一杯茶里，藏了多少山长水长人情长。

饮茶记

金夏辉

我看着眼前这杯橘黄色的茶水，忍不住想到——茶，究竟是什么样子的呢？

它是如同谋士不动声色饮下的那杯温茶，流露出运筹帷幄之中，决胜千里之外的从容气质，还是如同文人斗茶中的那些香茶，浸透着人们对于茶道的精湛理解，抑或是老农在劳作结束后咕噜喝下的那一大口茶水，带着劳动人民的勤劳精神呢？

为君洗风尘

眼前这杯橘黄色的茶，是我奔波两百多公里，才能喝到的一杯茶。

三小时前，在清冷的秋风中，我们从杭州出发，前往西南方向的丽水市松阳县。

现在，我们便已经身处松阳县的一户农家乐。

此处的环境甚是宁静。鱼游于池塘，龟憩于浅水，花摇于风中……院子外侧则有鸡鸣传来。

桌上有一壶茶，我倒了一小杯。

茶的别名有很多，例如茗、苦茶和云华等。对于喜爱之物，人们总是会情不自禁地为它取各种别名。我们还小的时候，父母会为我们取不少昵称；爱人之间，也会有不少只有彼此知晓的亲密称呼。

我将茶举到鼻前，一阵淡淡的菊花香传来。

我浅浅抿了一口，它的味道并没有想象中的涩，而是有一股淡淡的甘甜。

茶水在舌尖流过，给人一种清爽的感觉。

如果说，甜甜的汽水，能够一下子刺激数个味蕾，瞬间迸发出快感，那么这杯茶，则能够缓缓地按摩整条舌头，甚至是整个身子。

这种"按摩"，绝不是来自佳人不沾阳春水的玉手，而更像是来自一个豪放姑娘的大手。

她或许不擅长发现心灵深处的隐秘伤痛，却能够通过最纯粹的力道，舒缓你全身的酸痛。

恰如此时此刻，一身风尘的我们，饮上当地的一杯茶，顿感全身舒展。

干渴的嘴，疲乏的身，伴随着这杯茶，最终获得放松的感觉。

当然，在松阳，茶的身影，不仅仅出现在杯中，更出现在一道道菜中。

眼前的黄木桌上有一道清蒸鱼，上边撒有不少茶的鲜叶。

鱼肉虽然少油脂，但与蔬菜相比，依然稍显油腻。而一片片尖细的茶叶，则用它的清香，让鱼肉变得清爽无比。

鱼肉的鲜味和茶叶的清香，在嘴中碰撞；鱼肉的柔软触感和茶叶的清脆口感，在齿间交织。我的一个亲戚也十分擅长做鱼，不过他常烧的是糖醋鱼、红烧鱼。吃一口酸甜的鱼肉，我能吞下一大口饭。

相比之下，松阳的这道清蒸鱼，妙在茶叶上——给人带来了更为清爽的口感。

除了清蒸鱼，桌上的绿茶糯米团也让人难忘。

轻咬一口糯米团，从它的截面来看，最外边的是一层绿茶粉末，它随着第一口而稍微撒落一些，之后便是糯米层，入口即化，裹在最里面的是温热的芝麻汁，香甜无比。

咀嚼糯米团时，只觉芝麻汁很甜，绿茶粉末解腻，两者相得益彰，极开胃。

有茶叶的菜，总是带着一股淡淡的清香。清爽的茶叶香，大大冲淡了食物的油腻感。

生活有时候也是如此。欲望如同多油高糖的食物，容易让人上瘾，一次次沉迷于对其的追逐中。然而，不断地追逐，也会令人觉得疲乏。

或许，我们就应该来到松阳，用一杯茶，放松始终紧绷的弦，用一道带有茶香的菜，抚慰疲惫的心灵。

会呼吸的大木山

喝完茶，吃饱饭，我们来到了大木山骑行茶园。

大木山骑行茶园坐落于国家生态文明建设示范区丽水市松阳县——一个历史悠久的名茶之乡，此处种植着龙井、银霜和白云等名茶。

从车窗向外望去，大木山茶园给人的感受是震撼的。

不少茶树在肉眼可见的大片土地上列阵，十分壮观。

一条条青绿色的粗线，间隔着土黄色的细线，在连绵的山脉上不断延伸。

一株株茶树站成了青线，一粒粒泥土撒成了黄线。两者共鸣，源源不断地释放生命力。

这种生命力并不像爆发的火山，让人惊讶，而是如同高山之巅的雪水，缓缓融化，慢慢酝酿，有一种让人无法忽视的庞大力量……

当然，也有一些茶树，集中分布在一小片土地上。茶树的周围则是一大片淡褐色的泥土，分布着一条条水沟。

茶树的区域，就像点缀在淡褐色长袍上的一块青色补丁。神秘的生命气息在补丁上流转，几乎掩盖掉整件长袍的光彩。

下了车，我的视线越过鲜红的南天竹，俯视着整座茶园。

望不到边的茶园，宛如一个沉睡的巨人。

阵阵微风，是它有规律的呼吸。

粗壮的青色血管弯弯绕绕，在土黄色的皮肤上凸显出来。

它不曾言语，但当我们看向那八万余亩茶园，却能感受到它的蓬勃生机。

它的力量，究竟来自何处呢？

是天神的手，曾划过这片土地，还是仙子的裙角，曾拂过这里的草木？

当我看到那竖立着的人工大棚的框架，答案逐渐浮现于心中。

不管神鬼之力如何厉害，也比不上茶农那一双双长满老茧的大手。

世代传承种茶技艺的松阳人，已在这里种了近两千年的茶。他们用茶绿色的画笔挥过无尽山川，造就了眼前这幅惊人画卷。

据史料记载，早在三国时期，松阳人就开始种植茶树。

而在唐代，出自松阳的一代道教天师——叶法善，在松阳卯山修炼时，更是培植了十多株茶树。叶法善所研制的茶也被称为"卯山仙茶"。

自此，松阳的茶，更是名声大振。

回到现在，我们已走到了大木山茶园的一条小道上。

小道的两旁种有桂花树。伴着清风，浓郁的桂花香不时传入鼻尖。

这种香味，和公园里的桂花香截然不同。公园里的桂花香，始终被囚于方寸之地，纵然浓郁，也不过是笼中金丝雀而已。

而大木山茶园的桂花香，却十分潇洒。此处的桂花香，能够在一览无余的茶田上自由遨游，不受束缚。

我大口呼吸着睡在山风里的桂花香。恍然间，自己也将随风而去，逍遥于天地之间。

那些茶农，想必也是呼吸着这种自由的空气，悠然地撒下一粒粒茶籽，摘下一片片茶叶的吧。

能够呼吸到清爽的空气，收获亲手播种的作物，真是一种十分踏实的幸福。

与其相信那些一夜暴富的都市传闻，不如将命运交给自己的双手。

哪怕是凝望北方的长城，大木山茶园也凛然不惧。它带着茶农的骄傲，自有自己的独特魅力。

回首松阳大木山茶园，那壮观的茶田，自在的桂花香，令人难忘。

被松阳吸引的茶人

在一片厂房中，我们见到了来自衢州的茶商——孔晓澄。

他有自己的大片茶园，以及遍及全国各地的经销商。

孔晓澄戴着一副斯文的眼镜，给人一种亲切的感觉。他的头发乱蓬蓬的，似乎是因为头发的主人专注于其他事而无暇打理。

2005年，深圳的茶叶市场如火如荼，衢州人孔晓澄一跃而入。

那时的他，还没有喝过松阳的茶，只吹过自南方而来的咸咸海风。

他当时可能也没想到，他的大半生，都将和茶打交道。

2013年，孔晓澄敏锐地发现茶叶市场接近饱和的危机，认为高品质茶叶才是未来茶叶市场的出路。

于是，在后来的几年中，孔晓澄四处奔波，考察全国各地的茶叶种植地。

终于，松阳这匹骏马，成功地被伯乐发现。

松阳的卯山云雾缥缈，种有苦中藏甘的卯山仙茶；松阳的谢猴山土壤肥沃，出产温醇爽口的松阳银猴……

孔晓澄语气自信，说松阳是"浙江的后花园"。

茂密的原始森林，疏松的土壤，不高不低的山脉，悠久的制茶历史……松阳的一切，似乎都是为了好茶而准备的。

在二百多亩松阳茶田上，孔晓澄再一次开始了和茶叶的故事。

他喜欢在田地上搞实验，不断改良种茶技术。

一些年纪较大的茶农坚持己见，不同意他的做法——"没有你这么干的"。一些老茶农脾气上来的时候，还会骂孔晓澄。

孔晓澄有时候也会发火，但始终没有改变想法。

最后，看着细嫩的叶片和绿黄的色泽，曾经反对声很响的茶农们，都没了脾气。

提及茶方面的知识，孔晓澄总能如数家珍。如果我们去网上搜索一下，更会发现，孔晓澄拥有不少关于制茶机器的专利权。

说话间，他为我们煮茶。

水煮沸，有轻微的响声。南宋罗大经的《茶瓶汤候》如是写道——"水初沸时，如砌虫声唧唧万蝉鸣；忽有千车稛载而至，则是二沸；听得松风并涧水，即为三沸"。其中的"稛"是"捆"的异体字，"稛载"意为"以绳束财物，载置车上"。

不一会儿，孔晓澄拿起茶壶，放入茶叶，倒入热水。

很快，他为我们倒了茶。茶水金黄，茶杯莹白。

待茶水不那么烫了，我小小呷了一口，舌尖感到一阵滋润、甘甜。

一连喝了好几杯，不由得想起茶仙卢仝的诗句。

一碗喉吻润，两碗破孤闷。

三碗搜枯肠，唯有文字五千卷。

四碗发轻汗，平生不平事，尽向毛孔散。

五碗肌骨清，六碗通仙灵。

七碗吃不得也，唯觉两腋习习清风生。

惊艳的"七碗"，写尽了饮茶之妙。

不过，性格清高的卢仝写这首诗，并非仅仅为了赞美茶之味，而是有深意的。

这首诗写作于中唐时期，名为《走笔谢孟谏议寄新茶》，是卢仝品尝好友谏议大夫孟简所赠新茶后的即兴作品。

该诗的末尾两句藏有深意，具有极强的感情色彩——"安得知百万亿苍生命，堕在巅崖受辛苦！便为谏议问苍生，到头还得苏息否？"

　　不错，卢仝写作此诗，正是希望当权者在品尝香茗的时候，莫要忘了那些受苦的百姓。

　　一想到此处，记忆中的茶杯突然沉重起来。

　　浅浅的一杯茶，仿佛凝结着茶农的一部分生命。

　　只希望，松阳茶被更多人肯定的时候，那些辛勤劳作的农人，也能过上更好的日子。

　　百姓若苦，难言兴盛。劳作，固然能让生活充实，但过度的劳作，也会让人麻木。

　　当被问到为什么没有再从事其他行业的时候，孔晓澄笑了笑，说自己在四十岁以后，就发现没有精力干其他事，只会制茶了。

　　从深圳到松阳，变化的是制茶地点，不变的是专注制茶的心。不论环境如何，守一份初心，从一而终，也能于风浪中从容前行。

　　孔晓澄的茶园中还有一间大屋子。他和太太时常相聚于此，并肩而立，共同看满山的青色。

松阳的茶，松阳的美，终究留住了常年奔波的孔晓澄。

深山品茗

此番来松阳，我们有两次深山品茗的经历。

第一次是在山中的崇觉寺，寺内的僧人为我们沏了崇觉罗汉茶。

金汤蜜韵、花香果味，说的便是这款茶。

茶叶的颜色介于红色与青色之间。它遇水即沉，随后缓缓伸展。

闻着浓郁清新的茶香，我轻轻品了一口。

我并不是一个懂茶的人，但能隐约感受到崇觉罗汉茶和农家乐那杯茶的区别——前者细腻，后者粗犷。

寺内的茶，适合修身养性；农家乐的茶，适合洗风尘。

相比普通的茶叶，崇觉罗汉茶轻微发酵，不偏寒，对人体肠胃的刺激性不强。当初，它还没有名字。有人提出，不如称它为"禅茶"。但崇觉寺的僧人表示反对，因为"禅茶"是一种境界，不能指代任何一种具体的茶。

僧人微笑，喝了口茶，称"禅茶"之意，在于与人交流有所悟，在于一份清净心。

想必古代文人喜茶，也只为求这片刻的宁静和感悟。有人许下"待到春风二三月，石垆敲火试新茶"的承诺，有人闲坐深山中，"融雪煎香茗"，又有人醉心茶香，发出"诗情茶助爽"的感慨……

苏轼说得妙，"休对故人思故国，且将新火试新茶。诗酒趁年华"。

邀一友人，煮一壶茶，吟一首诗，弹一首曲，悟一心境，夫复何求。

第二次深山品茗，是在大山中的宋庄村。

宋庄村坐落于山中，一条小溪流过村子。

我们慢慢走入山中的宋庄村。眼前是被阳光染得金黄的石梯，左手边是被风吹动的竹叶，右手边的老式木门上贴着红色的对联。

在满山的鸟鸣声中，我们一点点往下走。

随后，映入眼帘的，是大片的黑瓦和黄墙。高矮不一的屋子，错落有致地坐落于群山中间相对平缓的土地上。

走了约一分钟，我们离这座村庄越来越近。

部分长满青苔的残墙，仿佛低声吟唱着早已失传的歌谣。袅袅的炊烟，似乎自博物馆里的农耕画卷中升起。

民宿的玻璃窗上，反射出时尚衣服的影子。高高的电线杆，传递着富有力量的电流，如同来自新世界的使者。

过去、现在、未来，都在这里交织，成就了一个独特的世界。

宋庄村，不像是所谓的世外桃源，更像是一个新旧世界的中转站。

在这样的地方，喝上一杯茶，会是一件多么有意思的事情。

在小溪边的亭子里，山风吹过，空气里有晒着的柿子的味道。

我举起前辈泡的茶，呷了一口。其香袅袅，韵味无穷。

我以前喝茶，多半是为了提神或者清火之类的功利目的。但现在才发现，喝一杯茶，能让人进入一种奇妙的状态。

进入这种状态后，自己才会摆脱一种过客的身份，静下心来，感受耳边的风，思考一砖一瓦的过往……

难怪好茶能让人去杂念，长诗情，入悟境。

　　入松阳的山，吹溪边的风，品一杯香茶，悟一种境界，方知古人之言不假。

　　离开宋庄村的时候，许多漂浮的记忆碎片，都因为那几杯茶，而慢慢沉淀在脑海中，形成了一段难忘的体验。

　　松阳的品性，离不开茶。在这片土地上，我们能看到很多因茶而聚的人。

　　茶农，每天踩着熟悉的泥土，以种茶为生；茶商，不远千里来此，让松阳的茶走向天下；游人，与好友相聚于此，煮茶论道……

　　淳朴辛勤的茶农，从一而终的茶商，悠然洒脱的游人，以及许多和茶有紧密关系的人，共同塑造着松阳。

　　离开松阳的时候，我又想起在农家乐喝的第一杯茶。

　　曾经的问题，或许已有了答案。

　　茶是什么？它可以是茶叶，也可以是茶水，甚至是茶园……它有很多种形态，也可以体现出迥异的特征。

　　一叶知秋，一茶悟道。茶，不在于手中的那杯茶，而在于静心后能看到的广阔天地。

创作团队简介

 稻田读书

　　读书生活社群文艺品牌。以阅读为纽带，以兴趣为指导，以社群为渠道，通过读书、旅行、创作、展览等方式，激发潜能与才华，共同创造精神世界的诗意与富足。已策划"中国民宿生活美学"书系、"去野"书系、"风物浙江"书系等，出版《山野民宿：从山中来》《山野民宿：到山中去》《借庐而居》《山中小住》《小隐民宿》《且抱古琴》《筷筷有礼》《我爱这有笑有泪的生活》等众多畅销书。

周华诚　　作家，著有《陪花再坐一会儿》《一日不作，一日不食》等

王　寒　　作家，著有《无鲜勿落饭》《浙江有意思》等

孙昌建　　作家，诗人，著有《我为球狂》《反对》等

草　白　　作家，著有《童年不会消失》《少女与永生》等

松　三	本名杨青，作家，著有畅销书《古玩的江湖》等
叶　子	本名吴红霞，诗人、画家，著有《依然是四月》《接近》《转身》等
鲁晓敏	作家，《中国国家地理》杂志特约撰稿人，著有《廊桥笔记》《辛亥江南》《江南秘境：松阳传统村落》等
黄春爱	作家，著有散文集《又一村》等
陈聪聪	本名陈海聪，作家
何婉玲	作家，著有畅销书《山野的日常》《唯食物可慰藉》等
吴卓平	资深文化记者，著有畅销书《杭州：钱塘风物好》
金夏辉	编辑，从事文艺评论等